香水図鑑 II

世界の銘品434種
香水業界の「今」を反映した
人気ブランド&香水を完全網羅

SouthPoint 編著

マイナビ

香水図鑑II CONTENTS

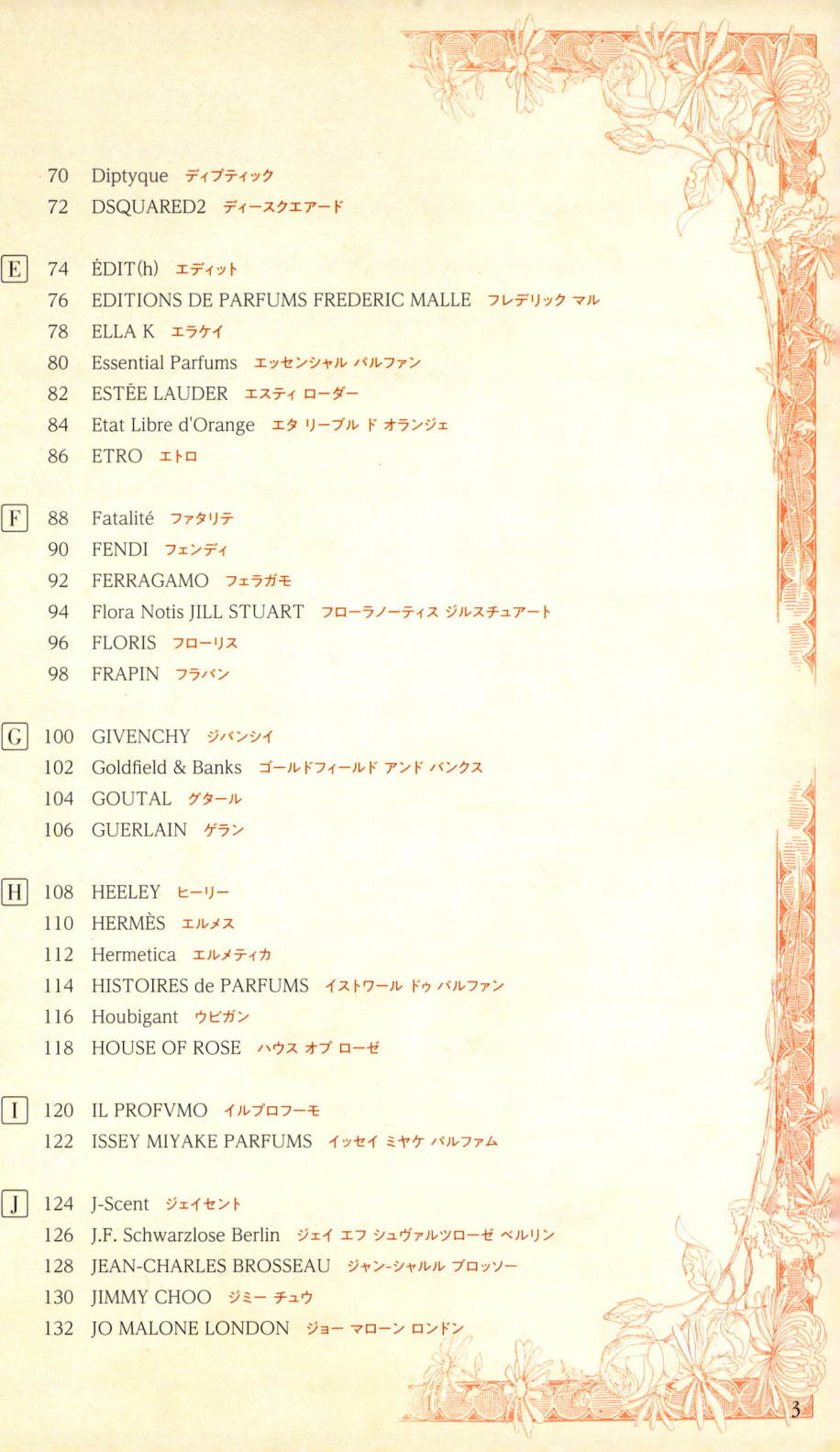

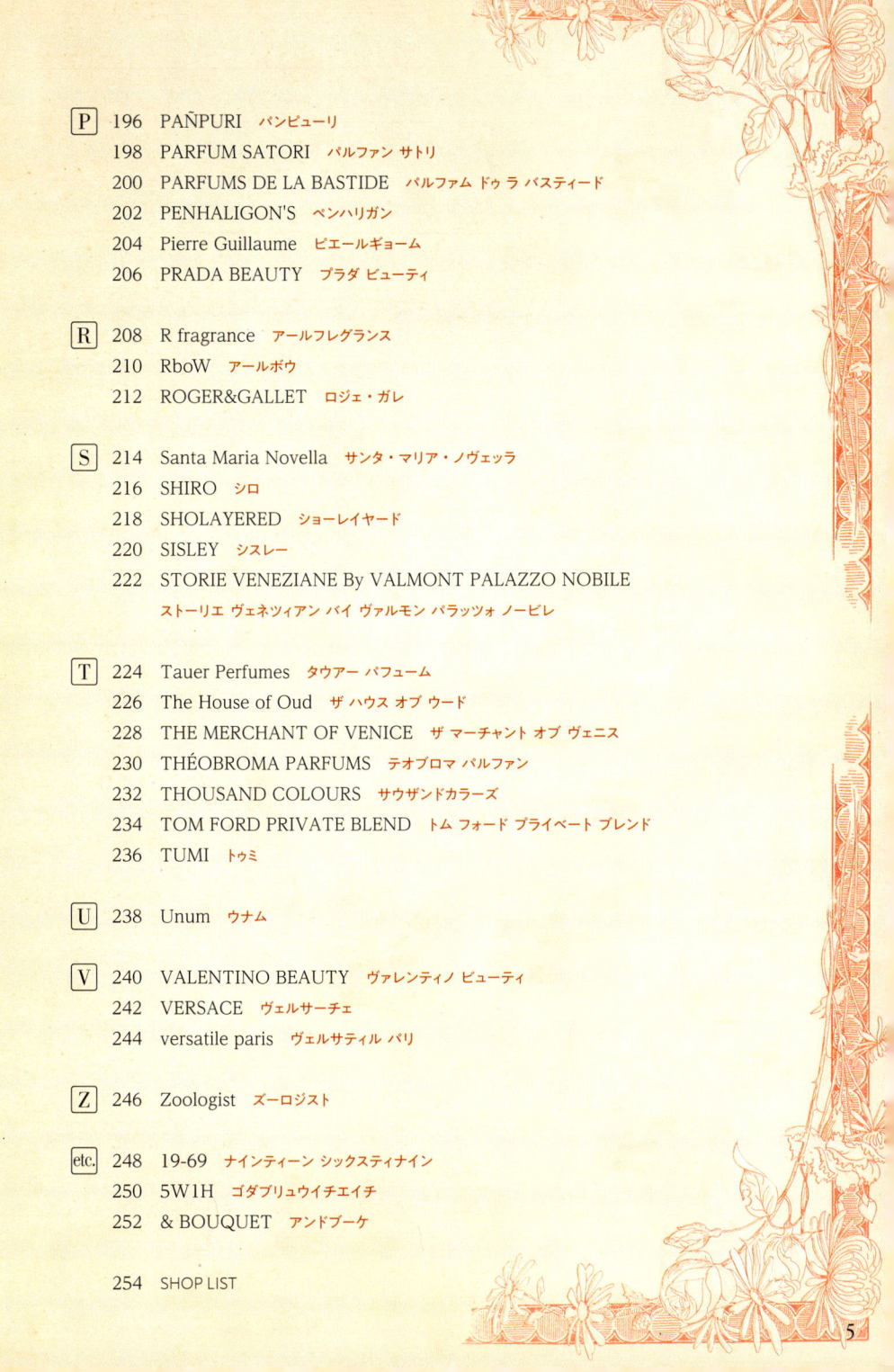

本書を読む前に

この図鑑では、世界に数ある香水の中から『SouthPoint』が
香水のエキスパートのみなさまを取材し、セレクトした434本を紹介しています。

図鑑の見方

■ブランド 設立者

ブランド設立者の写真と
プロフィール。写真、プ
ロフィールがないものも
あります。

■香水名

紹介している香水の
名前

欧文の大文字、小文字が
混在しているのはブラン
ドが公表している通りで
す。また、種類・オーデ
コロンやオードパルファン
などの表記があるものと
ないものがあります。

■調香師

紹介している香水を
調香した調香師の名前、
写真とプロフィール

ブランドにより、調香師
名、写真、プロフィール
を公表していない場合が
あります。また、ブランド
により、プロデューサー
やデザイナーなどの肩
書きにしている場合もあ
ります。

EDITIONS DE PARFUMS
FREDERIC MALLE
フレデリック マル

フレデリック・マル

1962年、アーティストや調香師、写真家が名を
連ねる家系に生まれ、幼少のルーツは豊かな映画監督から、後にはパフュファン・クリスチャン・ディオールの創設者。2000年に自身のブランド「フレデリック マル」を創設。

ラグジュアリー パルファムの先駆者。フレデリック・マルが選び抜いた調香師は、いずれも名だたるブランドで数々の名香を創り上げ、その卓越した技術と類稀なる才能で世界的に知られる存在。彼らがアーティストとして創り上げる作品に、フレデリック・マルはいわば"香りの編集者"として寄り添う。調香師たちの創造の限界を取り払い、更なる嗅覚の領域へと導いている。

ACNE STUDIOS PAR
FREDERIC MALLE
アクネ ストゥディオズ バー
フレデリック マル

調香師 スージー・ル=エレー

日常生活の習慣の中で見思する植物、香り、味の集積性からインスピレーションを得ている。天然植物の生産者のとも種類に見われるとも、子供の頃から植物学に情熱を傾けている彼女は、自然の香りと創造的なアウトプットを広げている。

発売年：2024年
タイプ：フローラル
主な香料：アルデヒド、ローズ、ヴァイオレット、オレンジブロッサム、バラ、ピーチ、サンダルウッド、ホワイトムスク
容量：50ml/100ml

76

アクネ ストゥディオズ とフレデリック マル 初のコラボレーション

クールでありながらチャーミング。ラフでありながら心地よく、無邪気でありながら魅力的な香り。フレッシュなアルデヒドが導いて、ローズとピーチ、オレンジブロッサム、それらを引き立て、ホワイトムスクとサンダルウッドのエキゾチックな香りへと続く。

■ブランド名

紹介している香水を
販売しているブランド

欧文の大文字、小文字
が混在しているのはブラ
ンドが公表している通り
です。カタカナ表示はブ
ランドからの提示に従っ
ています。

■ブランド ストーリー

ブランドの歴史、コンセ
プトなどを紹介。

■香水の写真

紹介している香水の写真。

■香水の イメージ

紹介している香水に含ま
れる香料などからイメー
ジしたもの。

■香水の ストーリー

紹介している香水のイメ
ージ、香りの説明、香
水にまつわる話を書いて
います。

■データ

紹介している香水の調香師、発売年、香りのタイプ、ノート、容量を紹介しています。

● 発売年に関しては、初めて発売された年、調香師の交代によりリニューアルされた年、香水の本国での発売、日本での発売年などが混在しています。

注意
■アルファベット順に紹介しておりますが、ページ構成などで多少前後が入れ替わっている場合がありますのでご了承ください。
■データのノート（トップ、ミドル、ラストなど）、香水のストーリーなどは、一部分かりづらいものがあるかもしれませんが、各ブランドの意思を尊重して紹介しています。
■本書の出版社は香水を使用して生じた一切の損傷、負傷、その他についての責任は負いかねます。
■香水名など、欧文表記はブランドからの指定によるものなので、大文字小文字が混在しています。
カタカナ表記は読みやすくするためですが、ブランドにより、半角開け・（中点）が混在しています。

香水の図鑑

ブランド別（アルファベット順）

世界には数えきれないほどたくさんの香りの種類、香料、そして香水があります。香りは太古の昔から私たちの暮らしに欠かせないものでした。昔は限られた原料しかありませんでしたが、現在では天然から人工のものまで、さまざまな香料「香りの素」があります。それをパフューマー（調香師）が調合し、毎年のように新しい香りを生み出しています。世界にはどのくらいのブランドや香水があるのでしょうか？この図鑑では代表的なものから最新のものまで、ブランド別（アルファベット順）で紹介。ブランドの歴史から香水にまつわる話、香りのタイプ、香料などが盛りだくさん。香水選びに役立ててみましょう。

| ノートとは | 時間の経過によって香りが変化していく状況を「ノート」と呼びます |

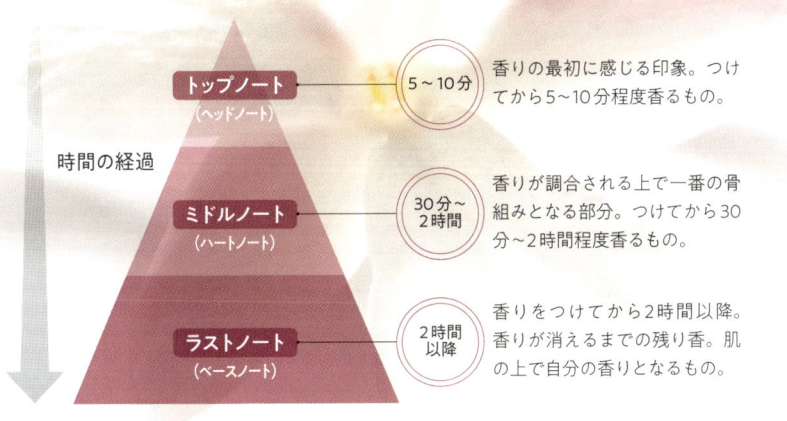

時間の経過

トップノート（ヘッドノート） ── 5〜10分
香りの最初に感じる印象。つけてから5〜10分程度香るもの。

ミドルノート（ハートノート） ── 30分〜2時間
香りが調合される上で一番の骨組みとなる部分。つけてから30分〜2時間程度香るもの。

ラストノート（ベースノート） ── 2時間以降
香りをつけてから2時間以降。香りが消えるまでの残り香。肌の上で自分の香りとなるもの。

Ablxs

アブラクサス

自分の中の多様性を自由に表現する「自己解放する香り」をテーマに、幻想的な世界観を香りで表現するフレグランスブランド。占星術師でもあるブランドディレクター Chiyo による、宇宙のリズムと繋がるような月の満ち欠けをテーマとした神秘的なクリエイションも特徴。

LILITH

リリス オーデトワレ

ブランドディレクター / 調香師 Chiyo

1985年東京生まれ。学生時代よりフレグランス・化粧品に特化したメディアに携わり、百貨店オーガニック化粧品ブランドのセールスマネジャー・トレーナーを経て調香の道へ。20歳のころより学びを深めてきた占星術・タロット研究の知識を取り入れ、今の心の状態に寄り添い、自己解放する香りを生み出している。

発売年：2024年
タイプ：ミスティックフロリエンタル
トップ：ブラック オーキッド、ラム、ラベンダー
ミドル：イリス、スミレ、ダチュラ
ラスト：タバコ、パロサント、サンダルウッド、ベンゾイン
容　量：30㎖

ピュアさと成熟さをあわせ持つ、魅力覚醒のための香り

優雅で可憐なイリスや、幻覚性のあるといわれるダチュラの香りを中心に、蘭（オーキッド）やスミレ、ラベンダーの咲き乱れる花々、退廃的なラムやタバコ、儀式に用いられる樹木の香りなどでセンシュアルな女性性を表現。

OBLIVION

オブリビオン オーデトワレ

発売年：2020年
タイプ：アイシートランスペアレント
トップ：アルデヒド、ユーカリ、ローズマリー、ティムールベリー
ミドル：ミュゲ、シクラメン、ジュニパーベリー、パインニードル
ラスト：フランキンセンス、ホワイトムスク、ベチバー
容　量：30㎖

雪のような
ひんやりとした静寂を感じる香り

闇から光が生まれる新月のエネルギー。新月は、すべてをゼロにリセットして新しいことを始めるのに適しているとき。心をクリアにし、透明な気持ちになりたいときにおすすめ。真っ暗闇から生まれる新月の清廉な光を香りにしたフレグランス。

TOTALLY FORCE

トータリー フォース オーデトワレ

発売年：2020年
タイプ：ミスティックリカーフローラル
トップ：コニャック、ラム、ダバナ、エレミ
ミドル：アブサン、イランイラン、カーネーション
ラスト：シナモン、アンバー、バニラ
容　量：30㎖

満月の魅惑的で強い光のパワーを
得られるようなミスティカルフレグランス

満月の光は、すべてを照らし出し、豊かさに満たす。秘められた自分を開花させ、陶酔へと誘う妖しく神秘的な香り。官能的に濃厚な花々とラムやコニャックなどのお酒の香りを基調に。満月の妖しさを香りに仕立て上げたフレグランス。

IMMORTAL NODE

イモータル ノード オーデトワレ

発売年：2021年
タイプ：スピリテッドウッディ
トップ：ザクロ、ダヴァナ、イモーテル
ミドル：ブラッディ ワイン、クリムゾン ローズ
ラスト：パロサント アコード、サンダルウッド、レザー
容　量：30㎖

赤く浮かぶ幻惑 皆既月食を主題にした
変容のための、新しい香り

聖なる樹木パロサントの香りを中心に、渦巻く苦悶や心のうごめき、鮮血を想起させる赤ワインや薔薇。そこから解放されていくイメージを、フレッシュな酸味のあるザクロの果汁感で表現している。どこか華やかで荘厳な、変容のための香り。

ACQUA DI PARMA

アクア ディ パルマ

1916年、イタリアの小さな工房で誕生したアクア ディ パルマは、卓越性、クラフトマンシップ、イタリアンスタイルを象徴するアイコンとして世界的に認知されている。シンプルさ、誠実さ、寛大さを讃えるとともに、イタリア流の「Arte di Vivere（暮らしの美学）」を称賛するブランドとして名高い。

Blu Mediterraneo Mandarino di Sicilia Edt

ブルー メディテラネオ マンダリーノ
オーデトワレ

発売年：2024年
タイプ ：シトラス アロマティック
トップ ：グリーンマンダリン、ベルガモット、レモン、ブラッドオレンジ
ミドル ：プチグレン、スペアミント
ラスト ：パチョリ、シダーウッド、ムスク
容　量：30㎖／100㎖／180㎖

シチリアの夏を思わせる、弾けるような香り

陽光が降り注ぎ、建築や文化が美しい自然と融合するシチリアの風景が着想源の、地中海の太陽のように明るさに満ちたフレグランス。シチリアの夏を思わせる、エメラルドのように鮮烈なニュアンスと軽快なフレッシュさを放つ香り。

Signatures of the Sun
Magnolia Infinita Edp

シグネチャーズ オブ ザ サン マグノリア インフィニタ オーデパルファム

発売年：2022年
タイプ：フローラル シトラス
トップ：カラブリア産ベルガモット、オレンジ、レモン
ミドル：ジャスミンサンバック、マグノリア、ローズ、イランイラン
ラスト：ムスク、パチョリ
容　量：20㎖／100㎖／180㎖

マグノリアの崇高な美しさを華やかに表現

マグノリアの洗練された香りと、シトラスの鮮やかで明るい香りの芸術的な組み合わせ。カラブリア産ベルガモット、オレンジとレモンに続き、フローラルがやわらかい香りをもたらす。さらにパチョリとムスクが放つ官能的な香りで包み込む。

Signatures of the Sun
Zafferano Edp

シグネチャーズ オブ ザ サン ザッフェラーノ オーデパルファム

発売年：2023年
タイプ：アンバリー ウッディ
トップ：マンダリン、ベルガモット、コリアンダー、ビターオレンジ
ミドル：ジャスミンサンバック、ゼラニウム、ローズ、サフラン、オレンジブロッサム
ラスト：バニラ、トンカビーン、パチョリ
容　量：20㎖／100㎖／180㎖

サフランとシトラスが紡ぐ
ヴェネチアン テラゾーの世界

意外な組み合わせのフレグランス。金、大理石、ムラーノガラスなどの貴重な素材が巧みに組み合わされた芸術品である、ヴェネチアのテラゾーを特徴づける構成技法を嗅覚で表現したもの。魅惑的で驚くべきハーモニーを生み出している。

Colonia C.L.U.B. Edc

コロニア クラブ オーデコロン

発売年：2022年
タイプ：アロマティック ウッディ ムスク
トップ：ベルガモット、レモン、ピンクペッパー、ブラックペッパー
ミドル：シソ、ローズマリー
ラスト：シダーウッド、ムスク
容　量：50㎖／100㎖／180㎖

フリーダムな気分を演出するフレグランス、
自然体でいられる香り

仲間との大切な瞬間を幸せに演出するフレグランス。レモンとベルガモットがきらめくような魅力を放ち、シソなどのアロマティックなハートノートと包み込むようなラストノート。心地よい香りが、ありのままの自分を受け入れて、自分の望む場所へと導いてくれる。

Aēsop

イソップ

1987年にオーストラリアのメルボルンで創業。倫理的基準と安全性を考慮しながら研究を重ね、こだわりの植物由来成分と非植物由来成分を使用。製品や成分で動物実験を行わず、すべての製品はリーピングバニー認証を取得したビーガンであり、PETA（動物の倫理的扱いを求める人々の会）のクルエルティフリーおよびビーガン企業リストに掲載されている。

Virēre
Eau de Parfum

ヴィレーレ
オードパルファム

調香師　バーナベ・フィリオン
フランス人香水デザイナー。植物学と薬草学を学ぶ中で、香料をブレンドすることやアロマをかけ合わせることへの情熱に目覚め、香水の道を究めた。10年以上前から伝統的な技法を重視し、研究および調香を続けている。

発売年：2024年
タイプ：シトラス、グリーン、ウッディ
トップ：ベルガモット、ガルバナム、プチグレン
ミドル：グリーンティー、ピンクペッパー
ベース：シダー、グリーンマテ、ヘイ
容　量：50㎖

ヴィレーレとは、ラテン語で「緑豊かである」「生命に満ちあふれている」という意味

ベルガモット、フィグ、グリーンティーを主要ノートとしているため、フレッシュ フレグランスの部類に位置づけられるが、安直な分類にとらわれることなく、その繊細な表情や独創性をもって枠を超えた、自然の生命力に根ざした香り。

Marrakech Intense
Eau de Parfum

マラケッシュ インテンス オードパルファム

調香師：バーナベ・フィリオン
発売年：2005年
タイプ：ウッディ、スパイシー、フローラル
トップ：ベルガモット、ネロリ、ジャスミン
ミドル：ローズ、カルダモン、パチュリ
ベース：サンダルウッド、シダーウッド、クローブ
容　量：10ml（パルファム）/50ml/100ml

イソップ初のフレグランス
粗削りで非正統派の香り

モロッコの街、マラケッシュにインスピレーションされたこの斬新な香りは、伝統的な料理で使用されるスパイスの刺激的な香り、バザールを特徴づける強烈な色彩、街を取り囲む砂漠、そしてモロッコの伝統に不可欠な温かいもてなしなどを称賛している。

Eidesis
Eau de Parfum

イーディシス オードパルファム

調香師：バーナベ・フィリオン
発売年：2022年
タイプ：ウッディ、スパイシー、アンバー
トップ：プチグレン、ブラックペッパー、フランキンセンス
ミドル：クミン、シダー、フランキンセンス
ベース：サンダルウッド、シダー、ベチバー
容　量：50ml

森の奥深く、虹色の花々や静謐な
水面の風景へと感覚を誘い出す香り

鏡の奥深くに広がる想像の世界を称えるフレグランス。玉虫色を思わせるほのかなフローラルの香りが、温かくスパイシーでウッディなベースと溶け合い、池や鏡の澄んだ静けさを連想させる。

Amouage

アムアージュ

1983年、歴史ある中東の香りの文化と芸術を世界に発信するため、オマーンの国王直々の命によって創設。フランスから超一流の調香師ギィ・ロベールを招聘し、コストを一切惜しむことなく贅沢な香水に仕上げた、まさに王による王のための香り。国王から国賓への贈答品として供されるなどして、「王のギフト」とも呼ばれている。

GOLD WOMAN

ゴールド ウーマン

調香師：ギィ・ロベール
発売年：1983年
タイプ：フローラル、アンバー
トップ：ローズ、スズラン、フランキンセンス
ボディ：ミルラ、アイリス、ジャスミン
ベース：アンバーグリス、シベット、ムスク、シダーウッド、
　　　　サンダルウッド
容　量：100㎖

女王へ贈られた贅沢な香り
究極のラグジュアリーフレグランス

香りで表現した中東の黄金の芸術。オマーン国王から世界の女王と王女へと贈られた香り。最高グレードの乳香、本物のアンバーグリスの豊かで贅沢な香りを中心に色なすオマーン王室の富そのものを蒸留した香り。

GOLD MAN

ゴールド マン

調香師：ギィ・ロベール
発売年：1983年
タイプ：ムスキー、アンバー
トップ：ローズ、スズラン、フランキンセンス
ボディ：ジャスミン、アイリス、ミルラ
ベース：アンバーグリス、シベット、ムスク、シダーウッド、
　　　　サンダルウッド、オークモス、パチョリ
容　量：100㎖

王の贈り物、中東の神秘を閉じ込めた香り

香りで表現した中東の黄金の芸術。オマーン国王から世界
の王と王子へと贈られた香り。最高グレードの乳香、本物
のアンバーグリスの豊かで贅沢な香りを中心に色なすオ
マーン王室の富そのものを蒸留した香り。

GUIDANCE

ガイダンス

調香師：クォンタン・ビッシュ
発売年：2023年
タイプ：フローラル、アンバー
トップ：ペアー、フランキンセンス、ヘーゼルナッツ
ボディ：サフラン、ローズ、ジャスミンサンバック、オスマンサス
ベース：シスタス、サンダルウッド、アキガラウッド、アンバーグリス、バニラ
容　量：100㎖

知恵の言葉のように心に響く
女性らしさを魅力的に表現した香り

女性らしい繊細な強さ。雲の切れ端に包まれた象牙の塔。
ローズ、フランキンセンス、アンバーグリスを魅惑的かつ斬
新に解釈したこの香りは、詩や抱擁のようでいて、知恵の言
葉のようにも感じられる。

VANILLA BARKA

バニラ バルカ

調香師：ドミニク・ロピオン
発売年：2021年
タイプ：スウィート、アンバー
トップ：バニラ
ボディ：トンカマメ
ベース：フランキンセンス
容　量：12㎖

伝説のスパイスの街を香りで表現
退廃的な甘いバニラが香る

甘く退廃的なバニラ・アブソリュートが、クリスタルのよう
なフランキンセンスの閃光に照らされたトンカビーンズの
官能的な流れに溶け込む。オマーン沿岸都市で伝説のス
パイスの街バルカの華麗なイメージ。

Anthologie

アンソロジー

2019年フランスで設立されたニッチフレグランスブランド。レジェンド調香師ルシアン・フェレーロが調香師人生の集大成として取り組む最後のプロジェクト。調香学校で出会い、その後同じ会社にも勤めてしのぎを削った盟友ジャン=クロード・エレナとの共作の発表を機に、ブランド名をアンソロジーと新たに定め、さらなる新境地を開拓している。

PAR AMOUR POUR ELLE

パーアムールプールエル│彼女に捧げる愛

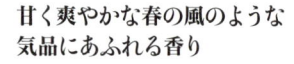

調香師　ルシアン・フェレーロ

1945年南仏グラース生まれ。ジュネーブで調香を学んだ後に、天然原料をふんだんに活用したグラースの香料会社エクスプレシオン・パフュメ社（現ジボダン社）に入社。世界最古の香水ブランドとも呼ばれるリュバン・パリの調香を担当して、歴史的な老舗ブランド再興の立役者となったことで一躍有名となる。

発売年：2019年
タイプ：フローラル、グリーン
トップ：ローズ（ブルガリア産、EO）、ネロリ(EO)、
　　　　ワイルド ヒヤシンス、ブラックカラント バット
ボディ：カーネーション、オレンジフラワー（Abs）、
　　　　ジャスミン（インド産、Abs）、イランイラン(EO)
ベース：チュベローズ(Abs)、ホワイトムスク、ラブダナム、
　　　　サンダルウッド(EO)、ミルラ
容　量：30㎖／100㎖

甘く爽やかな春の風のような
気品にあふれる香り

春風舞い降り、野性のヒヤシンスが花開き、インド産チュベローズが優美な光を放つ。白いジャスミンが闇に深き情熱を刻み、オレンジブロッサムの無垢な気品とムスクの誘惑が融合。永遠なる愛を一瞬に込めた香り。

PAR AMOUR POUR LUI

パーアムールプールルイ｜彼に捧げる愛

調香師：ルシアン・フェレーロ
発売年：2019年
タイプ：アロマティック、アンバー
トップ：コリアンダー(EO)、タラゴン(プロバンス産、EO)、シスタス(EO)、
　　　　ベルガモット、ラベンダー（プロバンス産、EO)
ボディ：アンダルシアンレザー、タバコ(EO)、パチョリ(EO)、
　　　　スティラックス、カーネーションリーフ(EO)、ヘイ(Abs)
ベース：サンダルウッド、ホワイトムスク、ラブダナム(EO)、
　　　　トンカマメ(Abs)、ベチバー（ハイチ産、EO)
容　量：30ml/100ml

情熱と安らぎが交差する夢幻の香り

アンダルシア産レザーに温もりを宿す、ブロンド・タバコの夢幻と蜂蜜の煌めき。オリエンタル・スパイスが情熱を彩る、高貴なプレシャス・ウッドの崇高な存在感。アンバーの安らぎはトンカビーンとムスクの可能性を秘める。

C'EST MUTINE

セミューティン｜これは反逆です

調香師：ルシアン・フェレーロ、ジャン＝クロード・エレナ
発売年：2023年
タイプ：フローラル、シトラス
トップ：グリーンタンジェリン(イタリア産、EO)、
　　　　オレンジフラワーコンクリート、プチグレン(パラグアイ産、EO)
ボディ：ジャスミンコンクリート、ローズコンクリート、リリー
ベース：ラズベリー、ビーワックス(Abs)、アンブレットリド
容　量：30ml/100ml

調香学校で出会った二人の調香師が
反骨精神を昇華させた香り

1968年に同じ調香学校で出会った二人の調香者は、香水界の若き反逆者として長らく苦楽をともにした。半世紀以上続く友情は再び出会い、彼らの反骨精神を2つの香りに完璧に昇華させたうちの1作品。永遠の若さを反映している。

SAKURA IMPERIAL

サクラアンペリアル｜天上の桜

調香師：ルシアン・フェレーロ
発売年：2020年
タイプ：フローラル、フルーティ
トップ：レモン(イタリア産、EO)、カモミール(EO)、
　　　　サイプレス(マダガスカル産、EO)、ブラックペッパー
ボディ：サクラ、アップルフラワー、ジャスミン(Abs)、
　　　　ブラックカラントフラワー
ベース：サンダルウッド(EO)、ラズベリーフラワー、トンカマメ(Abs)
容　量：30ml/100ml

桜を中心に華やかな日本の花々を体現する香り

さまざまな原料の個性を融合させ、完璧なバランスで表現。桜は日本文化を代表する再生と美の象徴。武士道に通ずる精神性。命を賭しても貫く純粋さ、忠誠心、正直さと勇気。

ARMANI beauty

BLANC KOGANE

アルマーニ プリヴェ
ブラン コガネ

調香師：ベノア・ラバウザ
発売年：2024年
タイプ：ホワイトフローラル
トップ：アルデヒド、イタリア産レモン エッセンス、
　　　　ピンクベリー エッセンス
ミドル：ジャスミン、マホニハル、コモロ産イランイラン エッセンス
ラスト：ホワイトムスク、ハイチ産ベチバー エッセンス、
　　　　インドネシア産パチョリ エッセンス
容　量：100 ㎖

やわらかさの中に
芯のたおやかさを感じさせるクリーンな香り

レモンエッセンスの柑橘系のフレッシュさとピンクベリーのスパイシーさで飾られた、明るく際立つトップノートから始まり、2種のジャスミンとイランイランの太陽のような個性により、甘く官能的なフローラルノートが広がる。

NOIR KOGANE

アルマーニ プリヴェ
ノワール コガネ

調香師：ソフィー・ラベ
発売年：2024年
タイプ：ウッディーレザースパイシー
トップ：クミン エッセンス
ミドル：サフラン エッセンス、オリバナム エッセンス、
　　　　システ アブソリュ
ラスト：グアテマラ産パチョリ、ウッド レザー、ハイチ産ベチバー
容　量：100 ㎖

温もりの中に色気を感じさせる
ミステリアスで奥行きのある香り

クミン、ピンクペッパー、エレミのフレッシュでスパイシーで温かみのある香りから始まり、システ・アブソリュとサフランに包まれたオリバナムによって、甘く温かみのあるレザーのような香りへと変化する。

イタリア・ピアチェンツァ生まれのジョルジオ・アルマーニによるビューティブランド。
「アルマーニ プリヴェ」はジョルジオ・アルマーニ自身の記憶、印象、連想をもとに生まれた、
非常にパーソナルなフレグランスコレクション。オートクチュールのドレスのように、香り、
パッケージ、ボトルデザインのすべてにアルマーニのこだわりが凝縮されている。

A

SANTAL DĀN SHĀ

アルマーニ プリヴェ
サンタル ダン シャ

調香師：ファブリス・ペレグリン
発売年：2023年
タイプ：ウッディースパイシー
トップ：カルダモン、イタリア産ベルガモット
ミドル：ホワイトムスク、エレミ
ラスト：サンダルウッド、バージニア産シダーウッド、
　　　　ドリームウッド™
容　量：50㎖/100㎖

中国の宮城とその美しいガーデンの偉大さと
静けさのハーモニーを彷彿させる

穏やかで温かみのあるサンダルウッドの香り。アイコン
的なサンダルウッドを中心に作られたこの香りは、イタリ
ア産ベルガモットの溶けるような煌めきに、カルダモン
のスパイシーでアロマティックな香りが刺激を与える。

THÉ YULONG

アルマーニ プリヴェ
ユーロン

調香師：ジュリー・マッセ
発売年：2020年
タイプ：シトラスウッディー
トップ：グリーンマンダリン、カルダモン、ライム、プティグレン
ミドル：グリーン＆ブラックティエクストラクト、
　　　　ジャスミン アブソリュート、オレンジ ブロッサム
ラスト：ガイアックウッド、ベチバー
容　量：50㎖/100㎖

想像を超えるグリーンティとシトラスの
コントラストのノート

中国の雲南地方の茶畑をイメージ。スモーキーさと
シトラスの融合が美しいフレッシュな香り。想像を超
えるグリーンティとシトラスのコントラストのノートか
ら始まり、ブラックティとスモークウッドが香りをさら
に印象付ける。

Art Meets Art

アート ミーツ アート

2017年、パリ生まれのニッチフレグランスブランド。曲の調べが香りのハーモニーへと変わる魔法「もしもあの名曲が香水になったら」の発想から音楽と香りのコラボレーションを具現化。天然由来の成分やフランス産原料をふんだんに使い、またパッケージから極力プラスチックを排除するなど、サステナビリティに配慮した取り組みも行っている。

LIKE A VIRGIN

ライク ア ヴァージン

調香師 ： アルベルト・モリヤス
発売年 ： 2017年
タイプ ： フローラル、ムスク
トップ ： ムスク、アンバー、アクアティックノート
ボディ ： フリージア、ピオニー、ローズ
ベース ： ソフトウッディ
容　量 ： 50mℓ

香水業界のみならず音楽業界も衝撃を受けたマドンナとアルベルト・モリヤスのタッグ

クイーン・オブ・ポップとも称され、世界で最も成功を収めた女性音楽家であり、史上最も売れたアーティストの一人、マドンナの1984年の大ヒットシングル曲を、巨匠アルベルト・モリヤスが正統的解釈で香りに仕立てた。

BESAME MUCHO

ベサメ ムーチョ

調香師 ： クリストフ・レイノー
発売年 ： 2017年
タイプ ： シトラス、レザー
トップ ： ブラッドマンダリン、インセンス、ピンクペッパー
ボディ ： アイリス、アンブレット、ブラックカラント
ベース ： ブラックレザー、シダーウッド アトラス、ホワイトサンダルウッド
容 量 ： 50㎖

いなくなってしまうのが怖い
だから「たくさんキスして」

1966年に公開された伊・仏合作の映画『カサブランカの夜』。劇中で主演女優サラ・モンティエルがロマンティックに歌い上げる「ベサメ・ムーチョ」を香りへと翻訳。まるで今夜が最後かのように、たくさんのキスを。

LILAC WINE

ライラック ワイン

調香師 ： フランク・フォルクル
発売年 ： 2017年
タイプ ： ムスク、パウダリー
トップ ： ラベンダー、バイオレット、プラム
ボディ ： コニャックコンポジション、クラリセージ、フリージア
ベース ： シダーウッド、ムスク、モス
容 量 ： 50㎖

ライラックのワインは
恋人のように甘くて酔いそう

アメリカの作曲家ジェームズ・シェルトンによって1950年に制作された名曲「ライラック・ワイン」。アメリカの偉大なシンガーソングライター、ジェフ・バックリィによるロマンティックなカバー版を香りへと昇華。

SEXUAL HEALING

セクシャル ヒーリング

調香師 ： クリストフ・レイノー
発売年 ： 2017年
タイプ ： スウィート、ウッディ
トップ ： ハニー、ジンジャー
ボディ ： タバコ（Abs）
ベース ： バニラ、アンブロックス
容 量 ： 50㎖

アナタは私の薬。早く癒して欲しい

アメリカを代表するR&Bのシンガーソングライター、マーヴィン・ゲイの1982年の楽曲「セクシャル・ヒーリング」。ストレートにパートナーを誘惑する挑発的な歌詞と、やわらかくも官能的な歌声を香りへと転写。

ASTIER de VILLATTE

<ruby>アスティエ・ド・ヴィラット</ruby>

陶器製の食器やオブジェ、フレグランス、そして本のクリエイターであるイヴァン・ペリコリとブノワ・アスティエ・ド・ヴィラットが1996年に設立。2008年にはオーデコロン、ハンドケア製品、および壮大な香りの世界一周旅行をテーマにしたパフュームキャンドルのファーストコレクションを発表。そのラインナップは歳月を重ねるごとに広がり続けている。

TUCSON

アスティエ・ド・ヴィラット パルファン
ツーソン

調香師：アレクサンドラ・モネ
発売年：2022年
タイプ：アロマティック スイートアンバー
主な香料：イモーテル、タイム、白樺、ラブダナム、
　　　　　スイートアンバー
容　量：10㎖/30㎖/100㎖

野生的な美しさを秘めた灼熱の砂漠、
目眩を覚えるような香りが、ボトルから放たれる

太陽の照りつける砂丘から陶酔を誘うイモーテル、アロマティックで微かにアニマルノートも感じさせるタイム、焼けた赤土や熱を帯びた白樺の香り。そこに混ざり合うのは、地中海沿岸に生息するラブダナムの樹脂が発する甘美なスイートアンバーの香り。

MANTES-LA-JOLIE

**アスティエ・ド・ヴィラット パルファン
マント＝ラ＝ジョリ**

調香師：シルヴィ・フィッシャー
発売年：2023年
タイプ：アロマティック グリーン
主な香料：ミント、バジル、ベルガモット、レモン、ユーカリ、
　　　　　ジンジャー、ジャスミンサンバック、
　　　　　グリーンイチジク、カシス、
　　　　　シダーウッドオイル、マテ
容　量：10㎖／30㎖／100㎖

肌には生き生きとした
グリーンノートの長い余韻が残る

柑橘系のベルガモットや、摘みたてのアロマ
ティックハーブの爽やかな香り。微かに混じ
り合うのは、スパイシーな生姜、太陽をたっ
ぷりと浴びたジャスミンサンバック、ハーブ
のアクセントが効いたマテの甘美な香り。

DELHI

**アスティエ・ド・ヴィラット パルファン
デリー**

調香師：シルヴィ・フィッシャー
発売年：2023年
タイプ：ウッディ
主な香料：チャンパカの花、オレンジブロッサム、ミルラ、
　　　　　パチョリ、ベチバー、シダーウッドバージニア、
　　　　　ベルガモット、カルダモン、ローズ
容　量：10㎖／30㎖／100㎖

混沌とした路地の奥深くに、
突然広がる神聖な香りのよう

太陽を浴びて陶酔を誘うチャンパカ、熱く官能的
なミルラ、ウッディ。土の香りのアクセントが効い
たパチョリとベチバー。混じり合うのはバラの花
びら、ペッパーが効いたカルダモン、グリーンで
フルーティーなベルガモットの甘美な香り。

ATELIER MATERI

アトリエ
マテリ

香水、建築、そしてデザインに精通したヴェロニク・ル・ビアンによって、"Less is More" の現代的美学を体現するメゾンとして誕生したアトリエマテリ。素材の選定から完成まで、すべてのプロセスにおいてアーティストや調香師、職人たちとともに作り上げた香水は、洗練され、現代的であり、クリエイティブな要素に満ちている。

POIVRE POMELO

ポワーヴル ポメロ

調香師：マリー・ユジャントブレル
発売年：2019年
タイプ：スパイシー、シトラス
トップ：ティムトペッパー、グレープフルーツ、ピンクペッパー
ミドル：アンジェリカ、ピオニー、オスマンサス
ラスト：シダーウッド、ヴェチバー、マテ
容　量：10㎖/100㎖

ティムトペッパーがもたらす
煌めくシトラスの軌跡

ティムトペッパーのスパイシーで弾けるような、きりりとした爽やかさが際立つユニークな芳香。グレープフルーツのノートがアクセントとなり、ヴェチバーとマテがフレッシュに輝く。色鮮やかでシャープな爽やかさを与えてくれるフレグランス。

SANTAL BLOND

サンタル ブロンド

調香師：ルカ・シウザック
発売年：2019年
タイプ：ウッディ、アンバー
トップ：ベルガモット、カルダモン
ミドル：ジャスミン、サンダルウッド
ラスト：ヒノキ、トンカビーン
容　量：10㎖／100㎖

控えめなエレガンスを纏った
優しく明るいサンダルウッド

高品質な天然のサンダルウッドエッセンスを採用し、素材に秘められたほのかな光を表現。カルダモンがもたらすスパイシーで爽やかな立ち上がりから、ジャスミンの芳醇なかぐわしさ、トンカビーンの温かく丸みのあるノートが寄り添う。

CACAO PORCELANA

カカオ ポルスレナ

調香師：マリー・ユジャントブレル
発売年：2019年
タイプ：グルマン、ウッディ
トップ：ホワイトカカオ、ラム、エヴァーラスティング
ミドル：ジャスミン、ブロンドタバコ、ダヴァナ
ラスト：パチョリ、サンダルウッド、トンカビーン
容　量：10㎖／100㎖

調香師とショコラティエとの
コラボレーションによる完璧な焙煎

ホワイトカカオというユニークな素材を選ぶことにより完成した、エレガントで個性的なグルマンノート。リキュールさながらのグルマンな香りから、虜になるカカオのビターな芳香が香り立ち、パウダリーでウッディなノートに包み込まれる。

CÈDRE FIGALIA

セードル フィガリア

調香師：セリーヌ・ベルドリエル
発売年：2024年
タイプ：ベジタル、ウッディ
トップ：ベルガモット、バジル、ジャマイカペッパー
ミドル：スピナッチ、マテ、フィグリーフ
ラスト：シダーウッド、ミルキーフィグノート、ドライウッド
容　量：10㎖／100㎖

自然への賛歌のように編まれた、植物をめぐる香り

フィグリーフのみずみずしい植物の香りと、シダーウッドのドライでいながら温かい香り。この対比的な部分を浮かび上がらせることで響き合う魅惑のノート。素材そのものが前面に出てくるような要素を持ちつつも、身に纏っていて心地のよい香り。

Bamford

バンフォード

WOODLAND MOSS
EAU DE PARFUM

ウッドランドモス
オードパルファム

発売年 ：2022年
タイプ ：ウッディ
トップ ：アンジェリカ、ベルガモット
ミドル ：ローズ、セージ
ラスト ：パチュリ、サンダルウッド
容 量 ：10㎖/50㎖

香りのテーマは、英国の移り行く季節の中、森や草原の中で過ごす時間

エレガントでシンプルなウッディフレグランス。イギリスの森の多様性のある親密な風景に敬意を表し、土の深みが感じられるパチョリに、セージ、アンジェリカ、ローズの芳醇な香りがバランスよく調和している。

「私たちを取り巻く環境に配慮して、毎日を暮らすこと」。英国のサステナブルな有機農場デイルスフォードの創設者でもあるキャロル・バンフォードが、「肌につけるものは食べ物と同じくらい重要」という考えをもとにスタートしたプレミアムオーガニックライフスタイルブランド。ボディ・スキンケア製品、スパ、ファッション、フレグランスを展開している。

WILD MEADOW
EAU DE PARFUM

ワイルドメドウ
オードパルファム

発売年：2022年
タイプ：ウッディ
トップ：ベルガモット、オレンジ
ミドル：スイカズラ（ハニーサックル）
ラスト：ベチバー
容　量：10㎖ /50㎖

天然香料と80%オーガニックアルコールを使用した、エレガントで新しい香り

イギリスの春を想わせる、繊細ながらも力強い香り。温かみのあるベチバーの洗練された香りをベースに、甘いスイカズラ（ハニーサックル）とローズマリーの香りに、ほのかな柑橘系の香りが感じられる。

Baruti

バルチ

2015年、オランダで設立されたニッチフレグランスブランド。バルチとはギリシャ語で「火薬」という意味で、反体制的でエッジのあるものというニュアンスもあり、ブランド名には肌の上で爆発する香水という意図も込められている。革新的で創造的な香りでありながらも、身につけやすいというのがこのブランドの大きな特徴。

CHAI

チャイ

調香師　スピロス・ドロソプロス
オランダのアムステルダム大学にて臨床心理学を専攻した後にドイツに渡り、ヒューマンバイオロジーの博士課程に進学。オランダに戻った際に、受講した香水作りの入門クラスに衝撃を受け、香水の世界に没入する。独学で調香を身につけ、2012年にMagnetic Scentsというブランド名で調香師デビュー。2015年にBarutiとリブランディングし、再スタートを図った。

発売年：2015年
タイプ：スパイシー、スウィート
トップ：シナモン、クローブ、ジンジャー、カルダモン、ペッパー
ボディ：ブラックティー、スチームミルク、ココア、ローズ
ベース：バニラ、ムスク、レザー
容　量：50㎖

スパイスを再現する
研究に勤しんだ時代の思い出の香り

スピロスが最も愛するこの飲み物と出会ったのは、研究に勤しんだ博士課程の頃。香水の世界に転身後、スパイスに興味を持ち、この飲料を香水で再構築することを思い立つ。「最も誇りに思うのはミルクの泡を見事に表現できたこと」と彼は語る。

ONDER DE LINDE

オンダー ドリンデ

調香師：スピロス・ドロソプロス
発売年：2015年
タイプ：スウィート、フローラル
トップ：ペアー、ライラック
ボディ：リンデンブロッサム、ハニー、アイリスルート
ベース：バニラ、ベチバー、サンダルウッド、ムスク
容　量：50㎖

B

絵画へのオマージュ
飽くなき香りへのチャレンジ

フェルメール作「牛乳を注ぐ女」の美、初夏のオランダの田舎の風景が香りのインスピレーション。ライラックとシナノキの花が主役。手に入らない花のエキスはアロマ分子で再現し、香水制作の真の魔法を紡いだ。

NOOUD

ヌード

調香師：スピロス・ドロソプロス
発売年：2016年
タイプ：ウッディ
容　量：50㎖

ウードを否定する、真実のウード
美しく香るヌード

市場に出回るプレミックスのウードではなく、素材としても、香水単体としても美しく香る真実のウードをスピロス・ドロソプロスが生み出した。ヌードは、これまでのウードを否定する真実のウードの香り。

BERLIN IM WINTER

ベルリン イエム ウィンター

調香師：スピロス・ドロソプロス
発売年：2015年
タイプ：アロマティック、アンバー
トップ：ラベンダー（グラース産）、マスティックオイル(キオス産)、
　　　　アイリッシュコーヒー、カシス
ボディ：ローズ(グラース産)、アイリス、プラム
ベース：ミルラ、フランキンセンス(オマーン産)、
　　　　NOOUD（ヌード）、アンバー、レザー
容　量：50㎖

コーヒーのモダンなエッジと
ローズの微細なニュアンスの香り

暖炉のそばで過ごす居心地の良い夜をイメージ。官能的でフルーティで、お酒のよう。ウッド、プラム、カシスの葉、ウィスキーが絶妙に調和している。ローストしたコーヒーのモダンなエッジとローズの微細なニュアンスに酔いしれる。

Bdk Parfums

ビーディーケー パルファム

調香師デイヴィッド・ベネデックによって創設された、パリのパレ・ロワイヤル地区に居を構える独立系フレグランスブランド。最高の天然原料を使用することを信条としながら、「ストーリーを語る香水」というテーマで、彼が創作したストーリーによって生まれたキャラクターから、すべての香りはインスパイアされている。

BOUQUET DE HONGRIE

ブーケドゥオングリー | ハンガリーの花束

調香師：セルジュ・マジュリエ
発売年：2016年
タイプ：フルーティ、スウィート
トップ：ペアー、ブラックカラント、ストロベリー
ボディ：ローズ、ジャスミンサンバック、ロレノックス
ベース：ムスク、シダーウッド、アンバー
容　量：10㎖ / 100㎖

**パレ・ロワイヤルの庭園を見下ろす幸せな瞬間
訪れる一日の始まりを思い描く**

「彼女はベッドからおりて身支度をはじめる。裸足で小躍りするようにお気に入りの化粧台へ。薄手のドレスを取り出して、4階の部屋から眺めるパレ・ロワイヤル庭園。空は抜けるように青い」というストーリーにインスパイアされた香り。

GRIS CHARNEL

グリ シャーネル│銀色の情欲

調香師：マティルデ・ビジャウイ
発売年：2019年
タイプ：ウッディ、スパイシー
トップ：フィグ、ブラックティー、カルダモンエッセンス
ボディ：アイリスアブソリュート、バーボンベチバー
ベース：サンダルウッド（インド産）、トンカマメアブソリュート
容　量：10ml／100ml

シーツから漂ういたずらで淫らな、眠れない夜の抱擁の香り

セーヌ左岸のティノ・ロッシ庭園の夜に集うダンサーたち。銀色の月と船明かりに照らされた体が音楽のリズムと混ざり合う。夏の暑さが二人の男女を喧騒から連れ出し、翌朝のシーツが眠れぬ夜の香りを放つ。いたずらで淫らさが漂う香り。

PAS CE SOIR

パスソワール│また今度ね（今夜じゃないわ）

調香師：ヴィオレーヌ・コラ
発売年：2016年
タイプ：ウッディ、フルーティ
トップ：ブラックペッパー、ジンジャー、マンダリン
ボディ：ジャスミン（モロッコ産）、チャツネ、オレンジフラワー
ベース：カシュメラン、パチョリ（シンガポール産）、アンバーウッド
容　量：10ml／100ml

人を愛し、そして自らの人生も愛するなにか特別な期待を抱きながら

仕事を終え、手鏡でメイクを整え、赤いベロアのようなリップを引き直してからクラブへ。一杯のウィスキー。フロアで視線が交差する。深夜の2時、彼の耳元でささやいた『また今度ね』。期待を抱かせる香り。

TABAC ROSE

タバックローズ

調香師：ジュリアン・ラスキネ
発売年：2020年
タイプ：スウィート、スパイシー
トップ：ピンクペッパー（マダガスカル産）、プラムアコード、レモン（イタリア産）
ボディ：ローズ（トルコ産）、シナモン（マダガスカル産）、チョコレートアコード
ベース：バルカンタバコ（Abs）、パチョリオイル（インドネシア産）、
　　　　ラブダナム樹脂（スペイン産）
容　量：10ml／100ml

魅惑的で中毒性のあるタバコと荘厳なスパイスが融合した香り

世界で最も高貴で有名な花に敬意を表して作られた、濃密で強力なエリクサー。ローズの香りと色味を香りのテクスチャーで表現。魅惑的で中毒性のあるタバコと荘厳なスパイスが融合し、深く甘い神秘的な香りが永く続く。

Boadicea the Victorious

ブーディカ
ザ ヴィクトリアス

英国王朝の寵愛を受け続けるメゾンフレグランス。約2,000年前にローマ帝国と戦った古代ケルト女王ブーディカの美しさ、強さ、気高さを表現。厳選した素材を追求することで香りに卓越性をもたらし、伝統と歴史、時代を超越したクラッシック・ラグジュアリーの融合が、世界中の人々を魅了している。

VALIANT

ブーディカ ザ ヴィクトリアス
ピュアパルファン ヴァリアント

調香師
クリスチャン・プロベンツァーノ
イタリア人の両親のもと、モロッコで育つ。現在はドバイを拠点に、珍しい素材やエキゾチックなエッセンスを世界中で探し求めている。数々の賞を受賞、オリエンタルやアラビアの香りの権威として知られる。

発売年：2013年
タイプ：フローラル
トップ：オレンジ、ベルガモット、プチグレン
ミドル：オリス、ローズ、カーネーション、バイオレット、
　　　　チェリーブラッサム、オレンジブラッサム、イランイラン
ラスト：サンダルウッド、アンバー、パチュリ、トンカビーンズ、バニラ
容　量：100㎖

華やかな薫りに高貴を宿す
優美で大胆な香りが、女王ブーディカの
栄光と歓喜を彷彿とさせる

シールドに描かれた馬は、ローマ帝国の領土に侵攻する女王ブーディカの勇敢な姿を象徴。剣を高く掲げ、不屈の精神で戦う彼女の姿が、その馬の姿勢からも伝わってくる。美しい高貴な香りの余韻が心地よく広がるフレグランス。

ENERGIZER

ブーディカ ザ ヴィクトリアス
オードパルファン エナジャイザー

調香師
ジョン・スティーブン
英国香水協会、国際香料協会のメンバーでボート
ン・オン・ザ・ウォーターにあるコッツウォルズ・
パフューマリーのオーナー。世界で最も優れた香
水の多くを生み出した伝説的な「鼻」といわれている。

発売年 ： 2008年
タイプ ： シトラス
トップ ： グレープフルーツ、ベルガモット
ミドル ： オレンジ、レモン
ラスト ： ベチバー、ムスク
容　量 ： 50㎖／100㎖

陽光に満ちたシトラスの輝き
官能的なウッディーベースが
リラックス感をもたらす

爽やかな柑橘系の輝きが最初に香り、喜びに満ちたエネル
ギッシュな香りと共に上品さを醸し出す。グレープフルー
ツとベルガモットがみずみずしさと爽やかさを演出し、次い
でオレンジとレモンの清々しい香りが広がる。

HEROINE

ブーディカ ザ ヴィクトリアス
オードパルファン ヒロイン

調香師 ： クリスチャン・プロベンツァーノ、ジョン・スティーブン
発売年 ： 2019年
タイプ ： フローラル
トップ ： ベルガモット、オレンジ、バイオレット
ミドル ： ジャスミン、ローズ
ラスト ： ベチバー、ムスク、オリス、バニラ
容　量 ： 100㎖

神秘に満ちたフローラルの謎めいた香り
現代のヒロインにふさわしい
気品あふれるフレグランス

ビターグリーンのベルガモット、ジューシーなバイオ
レットの葉、そしてオレンジの香りに包まれる。魅力
的なジャスミンと、開花の最も輝く瞬間に収穫された
ベルベットのようなローズが漂い、女王ブーディカの
ような大胆かつ上品さをあわせ持つ香りへと導く。

BON PARFUMEUR

ボン パフューマー

フレグランスを愛してやまないリュドヴィック・ボヌトンが、「伝統的なパフューマリーを大切にしつつも、コンテンポラリーで皆が使える美しい香りを作りたい」という思いから2016年に創立。エシカル、クリーン、サステナブルな原料を厳選し、メイド・イン・フランスにこだわって製造。パリ発のアーティスティックでサステナブルなフレグランスハウス。

803
EAU DE PARFUM

803 オードパルファム

調香師 : ポール・ゲラン
発売年 : 2023年
タイプ : アクアティック
キーノート : シースプレー、ジンジャー、パチョリ
トップ : ピンクペッパー、ジュニパーベリー、ジンジャー
ミドル : アニスシード、イランイラン、シースプレー
ラスト : パチョリ、シーウィード、アンバーグリス
容　量 : 15㎖ / 30㎖ / 100㎖

氷のような冷たさとスパイスの温かさがコントラストを奏でる香り

マリン調のひんやりとフローズンなトップノートから幕開けし、ジンジャーやピンクペッパーコーン、ジュニパーベリーのスパイシーな3つの香りが温かみをプラス。パチョリを明るく爽やかな香りに仕上げ、氷の下で燃え上がるような香りを表現。

003
EAU DE PARFUM

003 オードパルファム

調香師 ： カーラ・シャベール
発売年 ： 2021年
タイプ ： フレッシュ
キーノート ： ユズ、バイオレットリーフ、ベチバー
トップ ： ベルガモット、ユズ、ライム、バイオレット
ミドル ： ジャスミン、ネロリ、エレミ
ラスト ： ベチバー、ムスク
容 量 ： 15㎖/30㎖/100㎖

遊び心を感じながら、いつまでも フレッシュさが続くフレグランス

夏にぴったりの清涼感あふれるシトラスの香り。きら
めくシトラスノートとグリーンノートから幕開け。パウ
ダリックなホワイトフラワーが、やわらかくエレガント
に香り立ち、魅惑的なエレミが、ウッディでムスキー
な香りへと移ろっていく。

103
EAU DE PARFUM

103 オードパルファム

調香師 ： カリーヌ・デュブ・レイユ・セレニ
発売年 ： 2022年
タイプ ： フローラル
キーノート ： ティアレ、ジャスミン、ハイビスカス
トップ ： ベルガモット、エニシダ、ハイビスカス
ミドル ： ジャスミンサンバック、ネロリ、フランジパニ、ティアレ
ラスト ： ホワイトサンド、バニラ、ムスク
容 量 ： 15㎖/30㎖/100㎖

南国の芳しい花々に囲まれながら日光浴を 楽しむ、至福のひと時を思わせる香り

ティアレフラワーやハイビスカス、ホワイトサンドの調
べが旅へと誘う。イタリアンベルガモットとモロッコ
産ネロリから幕開け。日差しをたっぷり浴びたフロー
ラルブーケが溶け合い、ムスクとバニラの甘さが南国
へのバカンスの思い出を呼び起こす。

Bond No.9
New York
ボンド・ナンバーナイン

長いフレグランスの歴史の中で、初めてひとつの都市への敬意を表して創られたフレグランス・コレクション。2003年、ニューヨークのNOHO地区に所在するボンドストリートの9番地に誕生。その名の通り、ニューヨークの街を愛してやまない心がこのブランドの原動力となり、世界の人々を魅了する香りを創り続けている。

NEW YORK FLOWERS
ニューヨーク フラワーズ
オードパルファム

調香師：NA
発売年：2024年
タイプ：アンバー フローラル
トップ：洋ナシ、クレメンタイン、
　　　　キールロワイヤル アコード、アイビーリーフ
ミドル：レッドチューリップ、グラース産ローズ、
　　　　チュベローズ、スタージャスミン
ラスト：サンダルウッド、アンバー、アイリス
容　量：100㎖

**華やかでスパークリングな香りが
幸福感をもたらし、春の訪れに祝福を贈る**

クレメンタインとキールロワイヤルアコードの華やかな香りで幕開け。アーシーなアイビーリーフのグリーンノートに、ニューヨークを象徴する花であるレッドチューリップが加わり、この上なく優美で華やかなブーケが広がる。

THE SCENT OF PEACE NATURAL

セント・オブ・ピース ナチュラル
オードパルファム

調香師：ミシェル・アルメラック
発売年：2022年
タイプ：アロマティック
トップ：レモン、プチグレン、ブラックカラント
ミドル：ローズ、ラズベリー
ラスト：シダーウッド、アンブロキサン、ムスク
容　量：100㎖

天然由来成分にこだわったナチュラルで
サステナブルな新フレグランス

天然由来のヴィーガンなエッセンシャルオイルをブレンドした、弾けるように爽やかで洗練された、素肌に余韻を感じる香り。アルコールも水と天然由来の原料から構成されたものを使用。丁寧に香料をセレクトしたナチュラルでエレガンスなフレグランス。

MY NEW YORK

マイ ニューヨーク
オードパルファム

調香師：ミシェル・アルメラック
発売年：2021年
タイプ：スパイシー、フローラル
トップ：ジンジャー、ペッパーコーン
ミドル：ローズ
ラスト：カシュメラン、サンダルウッド、パチョリ
容　量：50㎖／100㎖

パンデミックに陥った世界へのエール
ニューヨークという街に
オマージュを捧げた香り

親しみやすいのにどこまでも洗練された、型破りで、グローバルな魅力を放つユニセックスなフレグランス。ボトルにはオマージュの象徴として、各国の旗をあしらい、世界はひとつというメッセージを発信している。

BURBERRY

バーバリー

1856年に設立されたバーバリーは、英国の代表的な特徴を持つ世界的なラグジュアリーブランド。伝統と個性、そして英国の遺産に敬意を表している。バーバリーのフレグランスは、素晴らしい英国の空気から感じるインスピレーションと、その価値を大切にしている。

BURBERRY
HER
EAU DE TOILETTE

バーバリー ハー オードトワレ

調香師 ： ルイーズ・ターナー
発売年 ： 2022年
タイプ ： フローラル
トップ ： ピオニー、グリーンペアー
ミドル ： ハニーサックル、ローズ
ラスト ： ムスク
容　量 ： 30㎖／50㎖／100㎖

自由なスピリットを閉じ込めた
モダンな女性のためのフレグランス

咲き誇るピオニーと陽気なグリーンペアーのブレンドをハニーサックルやローズが引き立て、ラストはウッディノートがやわらかな印象へと誘う。伝統とモダニティが融合した洗練されたデザインのボトルは、ナチュラルでのびやかな魅力を表現。

BURBERRY
GODDESS
EAU DE PARFUM

バーバリー ゴッデス オードパルファム

調香師：アマンディーヌ・クレール・マリー
発売年：2023年
タイプ：グルマン
トップ：バニラインフュージョン、ラベンダー
ミドル：バニラキャビア
ラスト：バニラアブソリュート
容　量：30㎖ / 50㎖ / 100㎖

**3種のバニラが際立つパワフルで個性的な
グルマンでアロマティックの香り**

トップはウッディなトーンのバニラインフュージョン、
ミドルは濃厚な甘さのバニラキャビア、ラストはバニ
ラアブソリュート。バニラをプロヴァンス産ラベン
ダーとアーシーなカカオやジンジャーが包み込み、完
璧なバニラアコードをつくり上げている。

BURBERRY
HERO
EAU DE TOILETTE

バーバリー ヒーロー オードトワレ

調香師：オーレリアン・ギシャール
発売年：2021年
タイプ：ウッディ
トップ：ベルガモット
ミドル：ブラックペッパー、ジュニパー
ラスト：シダーウッドトリオ
容　量：50㎖ / 100㎖

**強さと繊細さを持ち合わせた、
現代的な男性らしさを体現した香り**

弾けるようなベルガモットやジュニパー、ブラック
ペッパーが明るく爽快感あふれるフレグランス。
バージニア、アトラス、ヒマラヤといった3つの原産地
で育まれた温かみのあるシダーウッドが、爽やかな
香りに深みを与える。

BVLGARI

ブルガリ

才能ある銀細工職人、ソティリオ・ブルガリにより1884年ローマで創業。卓越したクラフツマンシップと素晴らしいクリエーションのコンテンポラリー・イタリアン・ジュエラー。ブランドの洗練やエレガンスを、デザイナーやクリエイターとともに香りを通じて独創的に表現。2011年にLVMHグループの傘下ブランドのひとつとなる。

BVLGARI pour homme Edp

ブルガリ プールオム
オードパルファム

調香師：ジャック・キャヴァリエ
発売年：2024年
タイプ：ウッディムスク
トップ：ダージリンティーアコード、ジンジャー SFE
ハート：セイロンティー SFE、ガイアックウッドエッセンス
ベース：アンブレットシードアブソリュート、
　　　　ホワイトムスクアコード
容　量：50㎖／100㎖

アイコニックなオードトワレが深化
調和と洗練が際立つ香り

ダージリンティーアコードにスパイシーなジンジャーノートが加わり、弾けるような爽快感が広がる。セイロンティーとガイアックウッドエッセンスが調和し、ウッディの中にスモーキーで静かな香りの余韻がより深く足跡を残す。

BVLGARI Rose Goldea Blossom Delight Edt

ブルガリ ローズ ゴルデア ブロッサム ディライト オードトワレ

調香師：アルベルト・モリヤス
発売年：2022年
タイプ：フローラル ローズ
トップ：スズラン、グレープフルーツ
ハート：ピオニー、ローズバッド
ベース：ホワイトムスク、シダーウッド
容　量：50㎖/75㎖

バラのつぼみの最も崇高な一瞬を捉えた 高揚感あふれる香り

まばゆいほどのバラが、透明感のあるスズランや弾けるようなグレープフルーツの香りとともに漂う。バラの花が今にも花開こうとしている魔法のような瞬間を表現した、見事なエレガンスを醸しだす香り。

Omnia Crystalline Edt

オムニア クリスタリン オードトワレ

調香師：アルベルト・モリヤス
発売年：2023revamp（2004）
タイプ：フルーティ フローラル
トップ：梨、竹
ハート：蓮の花
ベース：バルサウッド
容　量：50㎖/100㎖

クリスタルの輝きを体現した タイムレスでフレッシュな香り

朝露のような輝き、そしてみずみずしさ。それは純粋で秘めやかな女性らしさを表現した、ブルガリの香りの宝石。繊細な蓮の花とセンシュアルな香りが、女性の魅力をさらに輝かしく引き立てる。

BVLGARI Allegra Chill and Sole Edp

ブルガリ アレーグラ チル アンド ソーレ オードパルファム

調香師：ジャック・キャヴァリエ
発売年：2024年
タイプ：フローラル シトラス
主な香料：レモン、イタリア産マンダリン、ネロリエッセンス、
　　　　　ジャスミンサンバック、オレンジブロッサムアコード、
　　　　　ホワイトアンバー、ムスクアコード
容　量：50㎖/100㎖

地中海の輝くような雰囲気に浸る 完璧な一日を表現

今まさに地中海に身をおいて、その輝く魅力のすべてに没入するような感覚を呼び起こす、至福の香り。ネロリやシトラスの爽やかな香りの組み合わせから、やがてベースノートのやわらかな印象へ。アレーグラコレクションの香り同士でレイヤリングが楽しめる。

BYREDO

バイレード

2006年、スウェーデンのストックホルムでベン・ゴーラムが創設したフレグランスブランド。原料は厳選された上質なものを用い、クラフトマンシップにこだわって製造されている。現在は香水だけでなく、キャンドルやボディローション、シャワージェル、ボディクリーム、クラシックソープなども展開。ブランド名の『BYREDO』は、BY REDOLENCE（芳香によって）をもじった造語。彼自身の私的な記憶や想像世界をコンセプトに、物語性を含んだアーティスティックな香りで独自の世界観を表現している。

BLANCHE

ブランシュ

発売年：2009年
トップ：アルデヒド、ローズセンティフォリア
ハート：ピオニー、バイオレット
ベース：ムスク、サンダルウッド
容　量：50㎖ /100㎖

洗い立てのコットンを思わせる
ソフトなフレグランス

白という色に抱く、創業者ベンのイメージを表現した香り。香りと記憶の関係に魅せられた彼が、初めて実在する人物を思い描いてつくったもの。彼女の"純粋さ"を封じ込めた透明な香りは、一方で非常に個性的でもあり、"古典的な美"に対する賛美でもある。

GYPSY WATER

ジプシー ウォーター

発売年：2008年
トップ：ベルガモット、ジュニパーベリー、レモン、ペッパー
ハート：インセンス、アイリス、パインニードル
ベース：アンバー、サンダルウッド、バニラ
容　量：50㎖/100㎖

**みずみずしい土の香りや
深い森の空気、力強い生命力などを
込めた神秘的な香り**

北方インドからヨーロッパに移住したロマ
ニー遊牧民たちのグラマラスなライフスタイ
ルをイメージした香り。創業者ベンが憧れ
る、ジプシーたちの自然に根ざした自由な生
き方を、ウッディーなフレグランスに表現。
男性にも女性にも人気の高い香り。

BAL D'AFRIQUE

バル ダフリック

発売年：2009年
トップ：アフリカンマリーゴールド、ベルガモット、ブークー
ハート：シクラメン、バイオレット
ベース：モロッカンシダーウッド、ベチバー
容　量：50㎖/100㎖

**二度と戻らない時代への憧れが
投影された、夢のように儚く
溶けて消えてゆきそうな甘い香り**

創業者ベンが、若き日の父が過ごしたパリと
アフリカの日記から得たイメージを昇華させ
た香り。ベルガモットにレモンのスプラッ
シュ、ほのかに混じる甘酸っぱい果実の気
配とマリーゴールド、ネロリが融合し綿菓子
のようなふわふわと儚い甘さを漂わせる香り。

CARINE ROITFELD

カリーヌ
ロワトフェルド

ファッション界で最も影響力のある人物のひとりであり、『ヴォーグ パリ』の伝説的な編集長として、また『ハーパーズ バザー』のグローバルファッションディレクターとして、そしてセレブリティとしても有名なカリーヌ・ロワトフェルド。クリエイティブな審美眼を持ち合わせた彼女による、現代あるべきスタイルを体現した大胆不敵な情熱と永遠の魅惑を呼び起こすコレクション。

AURÉLIEN

オーレリアン

調香師：オーレリアン・ギシャール
発売年：2019年
タイプ：スパイシー、リッチフローラル
主な香料：オレンジブロッサム、ジャスミン、ベンゾイン、
　　　　　ミルラ、オポポナックス、パチョリ、
　　　　　ブラックアンバーノート
容　量：90mℓ

**石畳の上で踊るハイヒール
魅惑的なパリのロマンス**

ブランドの最初の作品を手がけた調香師オーレリアン・ギシャールの名をタイトルに冠した、オレンジブロッサムを基調とするフレグランス。ベンゾインやミルラ、オポポナックスの力強さ、包容力を同時に感じる香り。

KAR-WAI カーウァイ

調香師 ： パスカル・ガウリン
発売年 ： 2019年
タイプ ： リッチフローラル、ウッディ
主な香料 ： スモークロンジンティー、オスマンサス、ヴェチバー、ベルガモット、カルダモン、トルコ産ローズ、ジャスミン、ムスク、サフィアーノ
容　量 ： 90㎖

ドレスの胸元に光る金木犀
官能的な香港のロマンス

幸運にも出会えた香港の映画監督の名を冠した、オスマンサスを基調とするフレグランス。都会のネオンの輝きを思わせるムーディーな一面と、ロンジンティーとオスマンサスによるアジアンテイストな一面がユニークさを引き立てる。

CARINE カリーヌ

調香師 ： ドミニク・ロピオン
発売年 ： 2022年
タイプ ： ウッディ、ライトフローラル
トップ ： ピンクペッパー CO2(LMR)
ミドル ： ジャスミン、ガーデニア、ローズ
ラスト ： インドネシア産パチョリ MD(LMR)、パチョリハート3(LMR)、ヴェチバーコンセントレート(LMR For Life)、カシュメランFF、ベンゾインレジノイド、ホワイトアンバー
容　量 ： 90㎖

恋人以上に存在感のあるカリーヌの香り

ウッディフローラルにパチョリを加えた新しい解釈というテーマで、香水界のレジェンドの一人であるドミニク・ロピオンによって生み出されたフレグランス。ピンクペッパーとほのかなジャスミン、力強いパチョリとヴェチバーの、見事なまでのハーモニーが魅力的。

FORGIVE ME フォーギブミー

調香師 ： ドミニク・ロピオン
発売年 ： 2023年
タイプ ： シプレ、リッチフローラル
トップ ： タンジェリン、ピンクペッパー、チュニジア産オレンジブロッサム
ミドル ： インド産チュベローズ、イランイラン、ガーデニア
ラスト ： インドネシア産パチョリ、カシュメラン、オリバナム、ラブダナム
容　量 ： 90㎖

感情の相反する二面性、情熱、
抗いがたい魅力を表現した特別なフレグランス

チュベローズ、オレンジブロッサム、ガーデニアが惜しみなく束ねられたブーケのような魅惑的なノート。それとイランイランのワイルドなファセット、そして「カリーヌ」の象徴であるパチョリが絡み合う、挑発的とも言える香り。

CARON

キャロン

2021年、ブランドの新たなチャプターがスタート。アリアン・ド・ロスチャイルドと調香師の
ジャン・ジャックの出会いで生まれ変わったCARONは、共通のパッション、好奇心を駆使し、
クリエイティヴな命を吹き込んでいる。トレンドやジャンルに縛られることなく、人々の興味を
そそる豊かで印象的な香りをつくり続けている。

TABAC EXQUIS

タバック・エクスキ

調香師
ジャン・ジャック
新しいCARONのスタートと共に
専属調香師に就任。高級フレグ
ランスメゾンに不可欠なクリエ
イティビィティの具体化を担う。

発売年：2021年
タイプ：フローラル、レザー
主な香料：タバコ、チョコレート
容　量：30㎖/50㎖/100㎖

カカオとトンカビーンズが
グルマン感を盛り立て、酔わせるような香りに

タバコにおいしくてモダンなチョコレートアコードのグ
ルマンノートを吹き込む独創的なアイデア。驚くべきこ
の組み合わせが、普遍的な快楽を与えるフレグランス。
タバコアブソリュートとチョコレートのあたたかみのある
特長を極限まで高めた香り。

MUSC OLI

ムスク・オリ

調香師：ジャン・ジャック
発売年：2023年
タイプ：ムスキー、ウッディ
主な香料：カシュメラン、ジャヴァノール
容　量：30㎖/50㎖

ウッディーでムスキーなパワーを放ち、
あたたかさがあり優しく全体を包み込む

自己と向き合い、本質的な価値観への回帰を物語る。
身につける人に穏やかな気持ちを与え、自分自身の
ためだけに纏う香り。合成コンポジション、FF® カ
シュメランとジャヴァノールのユニークなデュオがメ
インのパーソナルなフレグランス。

EAU DE ROCAILLE

オー・ド・ロカイユ

調香師：ジャン・ジャック
発売年：2022年
タイプ：フローラル、シトラス
主な香料：グリーンマンダリン、ガーデニア
容　量：30㎖/50㎖/100㎖

マンダリンとガーデニアの
スペシャルな組み合わせ
透明感あふれるフレグランス

ベルガモットとマンダリンの皮が、ピリッとさわやか
なシトラスノートのシャワーを生み出し、ガーデニア
との出会いで、センシュアルでキラキラとした太陽の
ようなフローラルウォーターに仕上げた。魅力的なフ
ローラルフレグランス。

Cartier

カルティエ

1847年にフランスで創業したジュエリーメゾン。3代目当主のルイ・カルティエと二人の兄弟、ジャック、ピエールが経営を引き継いだ時代に国際的な展開を果たし、フランス皇帝ナポレオン3世の妻であるユュジェニー皇后をはじめとする多くの貴族や名士に愛された。現在もジュエリー、時計、フレグランス、小物といったカルティエのクリエイションは、卓越した職人の技と時代を超越するシグネチャーが融合している。

LA PANTHÈRE
EAU DE PARFUM

ラ パンテール
オードパルファン

Maxime Govet © Cartier

調香師　**マチルド・ローラン**
香水・化粧品・食品香料国際高等学院で調香技術を習得。2005年にカルティエの専属調香師に就任。2010年 FIFI アワードでは「レ ズール ドゥ パルファン」のラ トレージエム ウールがパフューム・クリエイターズ賞とスペシャリスト賞という2つの栄誉ある賞を受賞している。

発売年：2014年(2023年ボトルリニューアル)
タイプ：フローラルシプレ
主な香料：ガーデニア、ムスク
容　量：100㎖

**野性的でフローラルな香りの中に、
パンテールを思わせる優美さが強調**

自由で情熱的な女性を想起させる魅惑的な香水。鮮やかでデリケートなガーデニアと、官能的なノートのムスクの出会いから生まれた、フローラルで野性的な香り。

レゼピュール ドゥ パルファン
ピュール キンカン オードトワレ

LES ÉPURES DE PARFUM
PUR KINKAN
EAU DE TOILETTE

調香師：マチルド・ローラン
発売年：2009年
タイプ：シトラス
主な香料：キンカン
容　量：75㎖

肌から漂うのはこの香りだけ。
柑橘類をこの上なく純粋に表現した香り

摘みたての柑橘の果実のようにエネルギッシュでジューシー。その軽やかさゆえに肌に触れる前から楽しめる、最も純粋なシトラスの香り。この上なく写実的で、印象深く、心を揺さぶるフレグランス。

Amélie Garreau © Cartier

LES HEURES DE PARFUM
LA TREIZIÈME
HEURE
EAU DE PARFUM

レズール ドゥ パルファン
ラ トレージエム ウール
オードパルファン

調香師：マチルド・ローラン
発売年：2009年
タイプ：レザー
主な香料：レザー、いぶした茶葉、スイセン
容　量：75㎖

スモークした茶葉やレザーを思わせる
意外性があって夢中にさせる香り

レザーのノート、願望のオブジェ、変身、陰影が織りなす世界。大きく息を吸い込めば、勇敢な冒険心のようなパチョリの香りが広がる。官能的なバニラの香りを宿命のように肌の上にすべらせると、未知の得も言われぬ思いに駆られ、目がくらむよう。

Amélie Garreau © Cartier

Amélie Garreau © Cartier

LES HEURES VOYAGEUSES
OUD & SANTAL
PARFUM

レズール ヴォワイヤジューズ
ウード ＆ サンタル パルファン

調香師：マチルド・ローラン
発売年：2016年
タイプ：ウッディ
主な香料：サンタルウッド、ウード
容　量：75㎖

究極に洗練された感性と素材によって
導かれた香りが、ピュアな感動を呼び起こす

シロップのようななめらかなサンダルウッドとブレンドした、天然のウードレジンがさらにセンシュアルで魅惑的に仕上げられている。カルティエの調香師マチルド・ローランが、親密な想いを馳せて描き出す密やかな香りのトレース。

CHANEL

シャネル

1910年、ガブリエル シャネルが帽子店「シャネル モード」をオープンしたことから始まる。制約から解放され無駄を省いた、マスキュリンなアクセントを効かせたワードローブは、時代が求める魅力にあふれ、タイムレスでありながら極めてモダンなスタイルとなる。1921年初のフレグランス『シャネル N°5』を発表。シャネルは現在でも、あらゆる女性にとってのインスピレーションであり続けている。

CHANEL N°5
PARFUM

シャネル N°5
パルファム

©CHANEL

発売年：1921年
タイプ：フローラル インテンス
容　量：7.5㎖ / 30㎖

女性そのものを感じさせる、女性のための香水
永遠に変わることのない魅力

シャネル N°5は、クチュリエが世に出した最初の香水。1921年に初代の専属調香師エルネスト ボーによって創られたこの香りは、何よりも永遠の女性らしさを具現している。80種類以上もの天然香料に、合成香料アルデヒドを組み合わせた。特定の花の香りにとらわれることのない、豊かなフローラル ブーケの香り。

CHANCE EAU TENDRE
EAU DE PARFUM
チャンス オー タンドゥル
オードゥ パルファム

発売年：2019年
タイプ：フローラル フルーティ
容　量：35㎖/50㎖/100㎖

C

ほのかにジャスミンが香るそよ風が、清々しい夜の空気を渡る

優しさとソフトな刺激を合わせもった、きらきらと輝くフルーティ フローラル。気品あふれるローズと豊かに満ちていくジャスミンのアブソリュートが広がり、優美で華やかな包み込まれるような香り。

©CHANEL

1957
1957 オードゥ パルファム
EAU DE PARFUM

発売年：2019年
タイプ：ソフト オリエンタル
容　量：75㎖/200㎖

稀少な素材を自由に、そして大胆に組み合わせることで生まれた特別なコレクション

1957 オードゥ パルファムの香りは、ガブリエル シャネルの伝説的なエピソードを物語っている。思い出の地、出逢い、そして彼女自身のクリエイション。彼女の人生やクリエイターとしての情熱を映し出し、タイムレスなスタイルとエレガンスを讃えている。

©CHANEL

PARIS PARIS
EAU DE TOILETTE

パリ パリ オードゥ トワレット

発売年：2022年
タイプ：フローラル ウッディ
容　量：50㎖/125㎖

フレッシュで軽やかな、活気に満ちた香りの旅 いきいきと輝くフローラル コンポジション

パリ パリをまとうということは、パリを体験するということ。タイムレスな魅力と活気、そして唯一無二の個性を放ち、モダンな精神が息づく街。自然体ながら気品ある魅力をまとう、フレッシュでスパイシーなローズの香り。

©CHANEL

Chloé

クロエ

CHLOE
ROSE NATURELLE
EAU DE PARFUM

クロエ ローズ ナチュレル
オードパルファム

調香師：ミシェル・アルメラック
発売年：2021年
タイプ：フレッシュ フローラル ウッディ
トップ：シトロン、カシスブルジョンアブソリュート
ミドル：オーガニックローズ、ネロリ
ラスト：シダー、ミモザアブソリュート
容　量：30㎖/50㎖/100㎖

自然と調和しながら進化する
本物の女性らしさをイメージした香り

クロエを象徴する香り。メインとなるローズにネロリを加え
たまろやかな香りが、シトロンとブラックカラントのビビッド
でさわやかな香りを引き立てる。ミモザアブソリュートが心
地よく、シダーウッドのベースノートへ調和していく。

自由、軽やかさ、女性らしさ。それは70年以上前のパリでクロエが誕生した時から受け継ぐ
信条。ロマンティックでエフォートレス シックなビジョンはレディトゥウェア、アクセサリー、そし
てフレグランスに体現されている。1975年に初めての香りがデビューして以来、クロエの香水
はロマンティシズムを呼び起こし続けている。

CHLOE
NOMADE JASMIN NATUREL EAU DE PARFUM

クロエ ノマド ジャスミン ナチュレル
オードパルファム

調香師：キャロリーヌ・デュミュール
発売年：2022年
タイプ：フローラル
トップ：ジャスミン
ミドル：デーツ アコード
ラスト：バニラ
容　量：30㎖/50㎖/75㎖

これまでのクロエにはなかった新境地、
グルマンなジャスミンの香り

人工香料や着色料を使用せず、100%自然由来の香料、自然由来の
アルコール、水以外のものを加えていないヴィーガン*フレグランス。
新しい旅立ちに向かうすべての人々へ自由な精神や自信を与えてく
れるフローラル グルマンの香り。

＊処方には、動物由来の原料や副産物を一切使用していません。

Christian Louboutin

● クリスチャン ルブタン

1991年に創業。赤いマニキュアの一塗りから始まった、ルブタンの代名詞ともなっている「レッドソール」。シューズがネイルカラーから受けた恩恵を返そうと考え、ビューティラインが誕生した。リップをはじめネイル、アイ、フェイス、フレグランスを展開。シューズなどのコレクションと同じ創造的なウィットと情熱、革新性が反映されている。

Loubidoo
Eau de parfum

ルビドゥー
オードゥパルファン

調香師：ダフネ・ブジェ
発売年：2020年
タイプ：フルーティフローラル
トップ：ストロベリー
ミドル：ダマスクローズ
ラスト：シダーウッド
容　量：90㎖

活気に満ちた陽気で魅惑的な
光り輝くブーケのようなフレグランス

爽やかで熟したストロベリーとジューシーなマンダリンの香りを放つ。光り輝くハートノートには明るく調和のとれたセンチフォリアとダマスクローズのフローラルシンフォニー。ムスクとアンブロックスに引き立てられ、クセになる残り香が持続する。

Loubirouge
Eau de parfum

ルビルージュ オードゥパルファン

調香師：マリー・サラマーニュ
発売年：2020年
タイプ：スパイシーアンバー
トップ：カルダモン
ミドル〜ラスト：オリス、バニラ
容　量：90㎖

レッドソールのスティレットヒールが あしらわれたキャップ

カルダモンのスパイスとベルガモットの
まばゆいフュージョン。ルブタンの象徴
であるレッドソールのようにグラマラスな
パウダリーアイリスのベースの上に、
ブラックレザーとベンゾイン、ペルー
バルサム、バニラの絶妙な香りのトリオが
ハーモニーを奏でる。

C

Loubimar
Eau de parfum legere

ルビマール オードゥパルファン レジェーレ

調香師：キャロライン・デュムール
発売年：2022年
タイプ：シトラスフローラル
トップ：レモン
ミドル：チュベローズ
ミドル〜ラスト：ソルティーアコード
容　量：90㎖

フレッシュでフローラル、優美さをたたえた ソルティーを具体化している香り

スパークリングレモンの強く爽やかな波を誘うことで
広がる香り。次に波が戻る様子は、マリンアコードを
使い、海の暖かさとミネラルを呼び起こす。そして太
陽が肌を繊細に温めると、チュベローズの陽光の軌
跡とともにフレグランスは花開き続ける。

CLEAN

クリーン

今までになかったさまざまな清潔感を香りで表現したフレグランスブランド「クリーン」。必要不可欠な原料のみを配合したシンプル (SIMPLE) な香り、消費者にとって好ましくない化学物質に配慮した信頼性 (TRUSTED) の高い処方、さらにブランドとして地球や生産地域への配慮 (CONSCIOUS) の3つをミッションに掲げ、ブランドとしてのビジョンや責任を明確にしている。

CLEAN CLASSIC
WARM COTTON

クリーン クラシック ウォームコットン
オードパルファム

調香師 ： ―
発売年 ： 2007年
タイプ ： フローラル アルデヒド
トップ ： シトラス、バーベナ
ミドル ： フローラル、オレンジフラワー、
　　　　　フルーティブレンド、マリーンエッセンス
ラスト ： フゼア、ムスク、アンバー
容　量 ： 30㎖／60㎖

清潔感あふれる心地よさを
閉じ込めたような香り

洗い立ての爽やかさ、コットンのふんわりとした肌触りを思わせる、やさしさとやわらかさに満ちた香り。シトラスを繊細でセクシーなアンバーとムスクで包み込んだ、コットンの安らぎ感や温もりを思わせる香りが、全身を包み込む。

CLEAN RESERVE
ACQUA NEROLI

クリーン リザーブ
アクアネロリ オードパルファム

調香師：スティーブン・クライス
発売年：2018年
タイプ：フローラル シトラス
トップ：ベルガモット、マンダリン、シシリアンオレンジ
ミドル：ジャスミン、ネロリ、オレンジブロッサム
ラスト：アクアムスク、アンバー、アンブレット
容　量：100㎖

地中海の風と青い海を思わせる、
シトラスとフローラルのコントラスト

ジャスミンとネロリによるフローラルのブーケ
が力強く弾けると、ユニセックスな印象のラベ
ンダーと完璧に溶けあう。ラストはムスク、サ
ンダルウッドによる冷たさと温かさのコントラ
ストが、避けがたい余韻を生み出している。

C

CLEAN RESERVE
H2EAU GOLDEN CITRUS
EAU DE PARFUM

クリーン リザーブ H2オー ゴールデン シトラス
オードパルファム

調香師：—
発売年：2024年
タイプ：フローラル マリン
トップ：マンダリン、ベルガモット、アクアティックアコード
ミドル：オレンジブロッサム、ネロリ、ジャスミン
ラスト：ムスク、ウッド、アンバー
容　量：50㎖／100㎖

海を臨むゴールドに輝く柑橘類の
果樹園をイメージした香り

水からインスパイアされた新しい香りの体験を提
案する、ウォーターベースのフレグランス。ベル
ガモットのシトラスノートにシーソルトのタッチを
プラス。マンダリンとネロリが、ムスクと調和し、
エアリーなフレッシュさをもたらす。

CLINIQUE

クリニーク

1968年にNYで誕生したクリニーク。世界で初めて、皮膚科学的見地から研究・開発された スキンケア製品を世に送り出し、低刺激でありながら、肌本来のすこやかさを引き出す、シンプルケアを提唱。ブランド名の由来は「美容クリニック」(Clinique Esthetique)。皮膚科医の問診をヒントに、独自の肌カウンセリングを開発。一人ひとりの肌悩みに合わせた提案を、ブランド創設以来、大切に続けている。

CLINIQUE HAPPY

クリニーク ハッピー

調香師：ジャン＝クロード・デルビル、
　　　　ロドリゴ・フローレス・ルー
発売年：1998年
タイプ：シトラス フローラル
トップ：西インド諸島のマンダリンツリー
ミドル：ボイセンベリーブッシュフラワー
ラスト：スプリングミモザ
容　量：30㎖／50㎖

みずみずしいシトラス フローラルのフレグランス

マンダリンツリーの、はじけるようなシトラスの新鮮な香りと、包み込むようなフローラルの香りを添えたトップノート。ボイセンベリーブッシュフラワーの、やわらかい花びらを思わせる。透明感があり、デリケートで官能的なフローラルの香り。

My Happy Peony Picnic

マイ ハッピー ピオニー ピクニック

調香師：―
発売年：2020年
タイプ：フローラル フルーティ
トップ：クロスグリ、ストロベリー、パッションフルーツ
ミドル：ピオニー、ローズ、プラム
ラスト：シダー、アンバーウッド、バニラ
容　量：15㎖

ロマンティックに咲き誇る芍薬。
五感が幸福感に満たされる香り

トップノートのみずみずしいストロベリーやジューシーなブラックカラントに華やかなピオニー（芍薬）とローズが添えられ、甘い果実と花々の香りが溶け合う。芍薬の蕾が開いていくかのように、時間とともに優しいシダーとバニラが余韻を残す。

My Happy Cocoa & Cashmere

マイ ハッピー ココア & カシミア

調香師：―
発売年：2020年
タイプ：オリエンタル アンバー
トップ：ココア、バニラ、アンバー
ミドル：ムスク、ピンクペッパー、ジャスミン
ラスト：ハニーサックル
容　量：15㎖

ほっと心満たされるような、
芳醇なココアの香り。クッキーを焼く
香ばしい香りが至福のひとときに誘う

まるで上質なカシミアに包まれるような、心地よい温もりに包まれる。焼き菓子をイメージしたココアやバニラの香りの中で、やわらかくアンバーが主張する。甘い香りはゆっくりと肌に馴染んで、上品な香りに変化し、甘いニュアンスのムスクが優しく包み込む。

CORETERNO

コレテルノ

「コレテルノ」とはイタリア語で「永遠の心」。オードパルファムは 70年代のロックンロール、ポップス、アンダーグラウンドの世界からのインスピレーション。芸術の傑作に対する情熱は、希望とポジティブに満ちた「パンクな魂が宿る未来」へと繋がる。香りには神秘的で型破りなパワーを秘め、あなたの中のロックスターを目覚めさせる。

クリエイティブ ディレクター
ミケランジェロ・ブランカト
コレテルノのデザイナー兼ディレクター。現在世界40カ国以上で販売されているモダンな高級アクセサリー、フレグランス、ジュエリーを生み出している。

MYSTIC SUGAR

ミステックシュガー

調香師：ルカ・マッフェイ
クリエイティブ ディレクター：ミケランジェロ・ブランカト
発売年：2021年
タイプ：グルマン
トップ：オレンジ、アーモンドブロッサム、パイナップル
ミドル：アプソリュートココア、カルダモン、ジャスミン、ジンジャー、トンカビーン
ラスト：アプソリュートバニラ、サンダルウッド、アンバー
容　量：100㎖

あなたを夢の世界へ誘う
甘美で魅惑的なフレグランス

カカオとバニラが、フルーティーなミックスを包み込む。そしてアーモンドの花で研ぎ澄まされ、ジンジャーとカルダモンのスパイシーさで豊かになる。エキゾチックでいたずらっぽく官能的な香り。無実と少しの違反が共存する、"夢の世界"へ連れて行く。

NO SLEEP　ノースリープ

調香師：ルカ・マッフェイ
クリエイティブ ディレクター：ミケランジェロ・ブランカト
発売年：2020年
タイプ：フローラル、パウダリー
トップ：ベルガモット、ヒヤシンス、ホワイトローズ
ミドル：ユリ、ジャスミン、ヴァイオレット
ラスト：パチョリ、バニラ、ホワイトウッド
容　量：100㎖

アドレナリン、スピード、
眠れない夜の興奮を落ち着かせる香り

ユリ、ジャスミン、ホワイトローズのまばゆいばかりの
ブーケと、明るいヴァイオレットがアコードを奏でる。
そして繊細な香りを出すパチョリ。すべてがバニラ
のやわらかさに包まれ、生来の狂乱を落ち着かせる。
「白い森」にいるような心和らげる香り。

FREAKINCENSE　フリーキンセンス

調香師：ルカ・マッフェイ
クリエイティブ ディレクター：ミケランジェロ・ブランカト
発売年：2023年
タイプ：スパイシー、インセンス
トップ：ライム、ピンクペッパー、ヴァイオレット
ミドル：インセンス、エレミ、カシュメラン
ラスト：ベチバー、パチョリ、ラブダナム
容　量：100㎖

消えない記憶と形のない美しさへ、
あなたを招待する香り

ライム、ピンクペッパー、ヴァイオレットの粉っぽい甘さから
開幕する。神秘的な教会の香りのように、エレミとカシュメランが
心の中を包み込む。ウッディーなベチバー、強烈なパチョリ、
エロティックで生温かいラブダナムの温もりを感じる香り。

サイケデリシャス　PSYCHEDELICIOUS

調香師：アルトゥレット・ランディ
クリエイティブ ディレクター：ミケランジェロ・ブランカト
発売年：2024年
タイプ：フローラル、ベリー
トップ：ラズベリー、ブラックカラント、マンゴー、ライチ、
　　　　グレープフルーツ、ピンクペッパー、ナツメグ
ミドル：ローズ、ピオニー、マグノリア
ラスト：バニラ、ベチバー、サンダル、グレーアンバー
容　量：100㎖

理想と現実の境界線を失わせるかのように
驚くべき香りがあなたを
「禁じられた森」へと連れて行く

赤いベリー、ライチ、マンゴー、ピンクペッパー、ナツ
メグの活気に満ちたシンフォニーがこの香りの扉を
開ける。時間と共に繊細なハートノートが優しく時代
を超越したエレガンスを表現。持続的なラストが、暖
かさと洗練さを与える。

CREED

1760年にハウス・オブ・クリードはテーラーとしてロンドンで開業。イギリス国王ジョージ3世に香りのついた革手袋を届けたことから始まったと伝承されている。その後ナポレオン3世とその妻ウジェニー皇后に認められ、1854年にフランスのパリにも拠点を設ける。伝統的な製法を重んじつつ最高級の原料を使用して独創的なフレグランスを創り出す、正真正銘のラグジュアリーメゾンブランド。

Aventus Edp

アバントゥス
オーデパルファム

発売年：2010年
タイプ：ドライ ウッド
ヘッド：レモン、ピンクペッパー、アップル、ベルガモット、
　　　　ブラックカラント
ハート：パイナップル、ジャスミン、インドネシア産パチョリ
ベース：バーチ、アンブロクサン、シダーウッド、
　　　　オークモス、ムスク
容　量：50㎖/100㎖

創業250周年を記念して創られた
メゾンの象徴的なオーデパルファム

追い風に乗り成功に向かって全力疾走する男性を表現した、ブランドを象徴する官能的でリッチなオーデパルファム。五感を刺激するヘッドノートから、フルーティでフローラルなハートノートへ。ウッディなベースノートがこの大胆でエレガントなフレグランスを締めくくる。

Aventus for her Edp

アバントゥス フォー ハー オーデパルファム

発売年：2016年
タイプ ：ウッディ フレッシュ
ヘッド ：グリーンアップル、ベルガモット、ピンクペッパー、レモン
ハート ：ブルガリアンローズ、ブラックカラント、パイナップル、ピーチ
ベース ：シダーウッド、パチョリ、ムスク、アンブロクサン
容　量：30㎖／75㎖

C

柑橘類とフルーティな特徴が、
フローラルなハートノートへと花開く

象徴的なメンズ フレグランス「アバントゥス」に呼応するフェミニンな香りである「アバントゥス フォー ハー」は、クリードの女性顧客へのオマージュとして創られた。それは内なる強さと輝きを兼ね備えた女性に捧げる香りであり、贅沢で官能的なブレンドが豊かな魅力を増幅させる。

Silver Mountain Water Edp

シルバー マウンテン ウォーター オーデパルファム

発売年：1995年
タイプ ：シトラス
ヘッド ：ベルガモット、ブラックカラント、ガルバナム、オレンジ
ハート ：ティー、オゾニックアコード
ベース ：サンダルウッド、ムスク
容　量：50㎖／100㎖

爽快な冷涼感と活力をもたらすフレッシュな香り

アルプスの爽快で凍りつくような空気にインスパイアされたフレグランス。生き生きとした柑橘類とブラックカラントのトップノートで始まり、ティーのハートノートにソルティなオゾニックアコードが重なる。サンダルウッドとムスクがアクセントとなり、氷のようなオーラを残す。

Queen of Silk Edp

クイーン オブ シルク オーデパルファム

発売年：2024年
タイプ ：フローラル アンバー
ヘッド ：オスマンサス、マグノリア、サフラン
ハート ：チュベローズ、パッションフルーツ、アガーウッド、ジャワ産パチョリ
ベース ：マダガスカル産バニラ、インセンス、ミルラ、アンブロクサン、
　　　　　中国産シダーウッド、ムスク
容　量：30㎖／75㎖

太古の昔から人々の羨望の的、
シルクのエレガンスに着想を得た香り

シルクのエレガンスに着想を得て、その贅沢な光沢と優美なやわらかさを体現した香り。中国産キンモクセイとチュベローズが生み出す、うっとりするようなフローラルにシダーウッドとアガーウッド（沈香）が織りなす複雑なウッディノートが加わり、マダガスカル産バニラのやわらかさとリッチなアンバーの香りが漂う。

D'ORSAY

ドルセー

1830年にフランスでアルフレッド・ドルセー伯爵が創設したフレグランスメゾン。創設以来、普遍的な愛の表現を想起させるユニセックスフレグランスを創造。彼の数多くの作品はメゾンにとって尽きないインスピレーションの源となっている。

ALFRED D'ORSAY

Sweet Disruption. W.T.

唯美な破壊 W.T.

調香師 **ジャン・クリストフ・エロー**

香料製造工場の責任者だった父の影響で初めて手にした香水をきっかけに香りに魅了される。伝説の調香師ピエール・ブルドンのもとで修業を重ね芸術的感性と技術に磨きをかけた。スモーキーで革のようなノートを好み、素材やその組み合わせ方には オリジナリティがあふれている。理屈にとらわれず、先入観のない目で物事を見ることは彼の才能であり、創造性の源となっている。

発売年：2023年
タイプ：アンバリー、アロマティック
ヘッド：ピンクペッパーエクストラクト LMR、スペアミント、マンダリンアルデヒド
ハート：ジャスミンアブソリュート LMR、フランキンセンスオイル、ゼラニウムオイルマダガスカル LMR
ベース：ベチバーオイルハイチフォーライフ LMR、オリバナムレジノイド LMR、モスアコード
容　量：50㎖/90㎖

甘く破壊的なブレンドは、先見的な愛の表現

激情的で生命力に満ちたオープニングで始まる。デリシャスと表現できるほどのパチパチとはじけるミントの香りがスリルを与え、ジャスミンと重なり合うことでフランキンセンスがその力強い魅惑的なパワーと酔わせるスモーキーなノートをあらわにする。

心を込めて L.B. # À coeur perdu. L.B.

発売年：2021年
タイプ：シトラス、フローラル
ヘッド：ベルガモット、レモン、アイリス、アルデヒド
ハート：ネロリ、オレンジブロッサム
ベース：アンブロクサン、モス、カシュメラン
容　量：50㎖／90㎖

一滴一滴がギルティプレジャー
秘密めいた自分だけの楽しみ

1830年にアルフレッド・ドルセーが生涯の恋人であったブレシントン夫人のために作ったオリジナルフレグランスの現代版。洗いたてのシーツの香りに始まり、エロティックなベースノートへ。見極められない真実が隠されている香水。

D

調香師　ファニー・バル

フランスのベルサイユにある名門のISIPCAで学んだ後、IFFでジュニア調香師としてのキャリアをスタート、ドミニク・ロビオンの弟子として技術を磨いた彼女は、その天性の才能によって業界の新星として名を馳せた。既成概念にとらわれず、複雑で多層的な香りを作り出す才能で知られ、数多くの一流ブランドの作品を世に送り出している。

Sur tes lévres. E.Q. あなたの唇で E.Q.

発売年：2023年
タイプ：フローラル、ムスキー
ヘッド：ピンクベリーエクストラクト、
　　　　アンバーアブソリュート
ハート：ジャスミンアコード、アイリスコンクリート
ベース：パチュリエッセンス、カシュメラン
容　量：50㎖／90㎖

100%ピュアな天然素材を使用し、
ジェンダーレスに作られた香水

無限の愛とキスの余韻さえも感じられる香りをフローラルムスキーの世界で創造した作品。アイリスとジャスミンの香りに包まれた最初のやわらかさが、官能的なウッドの圧倒的な渦へと溶けていく。唇に残るキスの記憶のような、濃密で中毒性のある香り。

調香師　ドミニク・ロピオン

2018年に IFF からマスターパフューマーの称号を授与。この栄誉は、彼が香水の分野で継続的に示してきた創造性と専門知識、そして卓越したリーダーシップと業界に与えた大きな影響力を評価したものである。類稀なる技術で知られ、最も緻密な調香師の一人として高く評価され、数多くの歴史に残る作品を生み出している。

Je suis le plus grand. M.A.

最高の自分 M.A.

発売年：2020年
タイプ：ウッディ、アルデハイド
ヘッド：アルデハイド
ハート：シダーウッド、アンバー
ベース：アイリス、バイオレット、ホワイトムスク
容　量：50㎖／90㎖

アルデハイドが香る
眩いばかりのフレグランス

電撃的な愛を思い起こさせるウッディでアルデハイディックなフレグランス。アルデハイドはハートに真っ直ぐ届き、アイリスはそのやわらかな魅力で打ちのめしてくる。幸福感にノックアウトされる香り。

調香師　アン＝ソフィ・ビハーゲル

2013年、アメリー・ブルジョワとともに独立系フレグランス制作スタジオである「フレア パリ」を設立。パーソナルケアとファインフレグランスの両方の分野のスキルを持ち、さまざまなブランドのフレグランスを手がけている。作品は、繊細で、控えめで、詩的。天然原材料に対する情熱も高く評価されている。

DECORTÉ

コスメデコルテ

「真実の高級品をつくる」という想いとともに1970年に誕生したトータルビューティブランド。Cosmetique と Decoration（＝勲章）の融合によって名づけられた。知性と品格のある真の美しさ、誇りある美を約束するため、洗練されたデザインや心地よい使用感など、細部にまでこだわりつくし、イノベーティブなものづくりへ挑戦しつづけている。

AQ

AQ オードパルファン

調香師：カリス・ベッカー、カリーヌ・サータン・ボア
発売年：2023年
タイプ：フレッシュフローラルムスキー
トップ：シトラス、ベルガモット、レモン
ミドル：金香木、月下美人、白檀、ジャスミン、オレンジフラワー、
　　　　ローズ、マグノリア
ラスト：サンダルウッド、パチュリ、ムスク・スウィート
容　量：30㎖／100㎖

輝きを宿して咲き誇る花のように、誰かの記憶へと、永遠に息づく香り

爽やかでいきいきとしたシトラスをトップに、みずみずしく神聖な金香木、パウダリーな甘さのある月下美人、やさしくラグジュアリーな白檀が気品と華やかさを奏でる。ラストはあたたかくやわらかなウッディとムスクが包み込むように重なりあう。

KIMONO YUI
キモノ ユイ
オードトワレ

調香師：キャロライン・デュムール
発売年：2020年
タイプ：トランスペアレントフローラル
トップ：レモンマンダリン、オレンジ、ピンクペッパー、スダチ
ミドル：ネロリ、オレンジフラワー、ローズ
ラスト：ムスク、シダーウッド、バニラ
容　量：15㎖/50㎖

爽やかなスダチから紡がれるような
透明感ある香り

爽やかでほろ苦いスダチと軽やかなピンクペッパーのはじけるようなトップノート。オレンジフラワーを中心としたブーケのようなミドルノートは透きとおる初夏の日差しのように香る。最後にバニラが際立つウッディノートで、やさしい幸福を包み込む。

KIMONO HIKARI
キモノ ヒカリ
ウォーターコロン

調香師：熊坂 祥二
発売年：2024年
タイプ：クリスタルグリーンフローラル
トップ：グリーン、シトラス、ペアー、マリン
ミドル：紫陽花、ジャスミン、ローズ、フリージア、マグノリア
ラスト：ウッディ、アンバー、ムスク
容　量：75㎖

紫陽花のしずくが水面にこぼれて
輝くようなみずみずしい香り

清々しく爽やかなグリーンやシトラスへ、華やかに澄みわたる紫陽花をイメージしたフローラルブーケが、未来を照らすようにやわらかに広がる。ラストはウッディやアンバー、ムスクへと移ろい、清らかさと華やかな奥行きが共存する輝きに満たされる。

KIMONO MAI
キモノ マイ
ウォーターコロン

調香師：熊坂 祥二
発売年：2024年
タイプ：バニラスウィート
トップ：ベルガモット、アニス、和茶
ミドル：ジャスミン
ラスト：バニラ、ヘリオトロープ、ベンゾイン、ミルラ、
　　　　ペルーバルサム、アンバー、ムスク
容　量：75㎖

心をくすぐる甘いバニラに
和茶が透明感を奏でるような香り

肌にやさしくふわりと纏える、みずみずしく繊細な香りのウォーターベースフレグランス。透明感のあるバニラの甘さに白さを感じるアニスや和茶がスパイスとして加わり、清潔感のあるアンバーやムスクなどと合わさり、おだやかな印象を与える。

DIOR

ディオール

Miss Dior Parfum

ミス ディオール パルファン

調香師：フランシス・クルジャン
発売年：2024年
タイプ：フルーティ フローラル
主な香料：マンダリン、ジャスミン、
　　　　　ウッディ アンバー
容　量：35㎖/50㎖

ミス ディオールが放つ、神秘の煌めきは
フルーティーなフローラルとウッドのコントラストが光る豊かな香り

「ミス ディオールが生まれたのは、ホタルが舞う、プロヴァンスらしい晩のことでした。夜と大地が奏でるメロディーにのせて、グリーンなジャスミンが美しく重なり合っていました」。1947年、クリスチャン・ディオールが語ったとされるこの言葉に導かれるように、ディオール パフューム クリエイション ディレクターのフランシス・クルジャンが多面的で豊かなアコードが光る現在のミス ディオールを表現。自信に溢れる強さと優雅さ、大胆さとエレガンスを併せもつ、伝説的なミス ディオールのシプレーをフローラルでフルーティーなアコードとセンシュアルなウッディ アンバーが際立つコンポジションへ再構築。オリジナルの香りで輝くジャスミンへ、オマージュを捧げたフレグランス。

1946年、クリスチャン・ディオールがフランスで創業。ウィメンズ、メンズファッションはもちろん、ベビーやホームコレクション、ビューティーまでトータルで展開。メゾン初のコレクションと時を同じくして、ドレスアップの最後の仕上げとしてフレグランス『ミス ディオール』が生まれる。名前の由来にもなった妹のカトリーヌ・ディオールが体現していたように、絶えず愛され、賛美されるミス ディオールは、メゾンにとって、その時代の輝きを映す香りとなった。

La Collection Privée
NEW LOOK

メゾン クリスチャン ディオール
ニュー ルック

調香師：フランシス・クルジャン
発売年：2024年
タイプ：フレッシュ アンバー
トップ：アルデヒド
ミドル：フランキンセンス
ラスト：アンバー アコード
容　量：40ml／125ml／250ml

フレッシュなアルデヒドとアンバーの衝撃的な香り
フレグランスとファッションの永遠の絆

1947年、クリスチャン・ディオールは、アイコニックなバースーツをはじめ、しなやかかつ建築的なスタイルでデザインされた大胆でエレガントなコレクションを発表。それは新時代を告げる「ニュールック」と呼ばれ、ファッションに革命を起こした。その貴重な遺産を受け継ぐフレグランスがこのニュールック。フレッシュに香るアルデヒドのオーバードーズが、フランキンセンスのファセットに寄り添い、その輝きを高め、ミステリアスなニュアンスをプラスしながら、まったく予想できないストーリーを紡ぐ。パワフルで建築的な美しさをもつニュールックは、しなやかなアンバーアコードと立ち上るアルデヒドとのコントラストが香りのインパクトを生む比類なきフレッシュなフレグランス。

Diptyque

ディプティック

1961年にパリのサン・ジェルマン大通り34番地に、クリエーション好きな3人（インテリアデザイナー、画家、舞台装飾家）が集まってスタート。プリント生地や壁紙をデザインしたり、旅で集めたオブジェなどを置いた特徴のある店舗を構えた。1963年に初めて、オベピン、カネル、テの3つのキャンドルによりフレグランスラインが誕生。香水は1968年に登場した。

Eau de Parfum / Eau de Toilette
Do Son
オード パルファン /
オード トワレ ド ソン

オード トワレ

オード パルファン

オード パルファン
FACE　DOS

オード トワレ
FACE　DOS

調香師：ファブリス・ペルグラン
発売年：EDT 2005年 / EDP 2012年
タイプ：フローラル
主な香料：テュベルーズ、オレンジブロッサム、ジャスミン、アンバーウッド
容　量：EDT 50㎖、100㎖ / EDP 75㎖

ド ソンは、物語であり旅。テュベルーズの花のうっとりと酔いしれる香り

テュベルーズのエッセンスは、フレグランスの名前にもなっているベトナムの海辺の町ドソンの海風のイメージから。ベトナムは、創業者の一人が子供の頃を過ごした場所であり、この国での想い出が、Diptyqueを最も象徴する作品のひとつを生み出した。

Eau de Parfum
Orphéon
オード パルファン
オルフェオン

調香師：オリヴィエ・ペシュー
発売年：2021年
タイプ：パウダリー
主な香料：ジュニパーベリー、シダー、トンカビーンズ、ジャスミン
容　量：75㎖

D

Diptyque本店のすぐ隣にあるナイトバー、Orphéonへのオマージュとして創られたフレグランス

創業者の3人が週に何度も通ったこのバーは、彼らのサロンであり、隠れ家であり、小さな王国の壁の外にあるオフィスとも言うべき場所。作品を試したり、スケッチしたり、アイデアが次々と湧き上がるのもこの場所だった。

FACE　　DOS

Eau de Toilette
オード トワレ
ロー パピエ
L'Eau Papier

調香師：ファブリス・ペルグラン
発売年：2023年
タイプ：パウダリー、フローラル
主な香料：ホワイトムスク、ミモザ、ブロンドウッドアコード、
　　　　　ライススチームアコード
容　量：50㎖/100㎖

纏う人の個性を引き出すユニークなフレグランス、すなわち自己表現の香り

ロー パピエは、メゾンの原点である創作と、イマジネーションを表現する媒体である「紙」にオマージュを捧げている。その香りは紙に浸み込むインクと、アーティストがデザインを組み立てていく様子を連想させる。

FACE　　DOS

Eau de Parfum
オード パルファン
フルール ドゥ ボー
Fleur de Peau

調香師：オリヴィエ・ペシュー
発売年：2018年
タイプ：ムスク、フローラル
主な香料：ムスク、アイリス、アンブレット、ピンクペッパー
容　量：75㎖

ほのかに香るシトラス、ペッパー、ローズのタッチが逸楽への頌歌を締めくくる

ギリシャ神話で最も美しい、エロスとプシュケの純愛物語にオマージュを捧げる作品。この伝説はムスクの香りによって表現され、センシュアルなノートは官能的であり、肌を美しく引き立てる。

FACE　　DOS

DSQUARED2

ディースクエアード

1994年、カナダ出身の双子の兄弟ディーン・ケイティンとダン・ケイティンが設立したイタリアのファッションブランド。対照的なテーマを両立させることを哲学とし、ルーツであるカナダ、イタリアのテイラーリング、そしてグラマラスさのミックスからインスピレーションを得ている。香水やサングラス、アンダーウエアなども手がけ、総合ブランドとして活動範囲を広げている。

2 Wood Edt

2ウッド オーデトワレ

調香師：オリヴィエ・クレスプ、ダフネ・ブジェ
発売年：2021年
タイプ：ウッディ シトラス
トップ：シトロン、ピンクペッパー、レモンプリモフィオーレ
ミドル：ベチバー、シルバーファー、シダーウッドアラスカ
ラスト：ベジタルアンバー、ブルカノリド、ムスク
容　量：30㎖/50㎖/100㎖

輝くシトラスとウッディノートが交差する
魅力的でフレッシュな、ユニセックスフレグランス

シトロンとレモンのアクセントが、環境への影響を最小限に抑えて最先端の抽出技術を駆使したピンクペッパーの鮮やかな香りを引き立てる。その後、現代的でカリスマ性に富んだウッディなノートが現れ、最後にはミステリアスな植物性のアンバーが際立つ。

Original Wood Edp

オリジナル ウッド オーデパルファム

調香師 ダフネ・ブジェ
南仏グルノーブル生まれ。12歳のときに行ったグラースへの家族
旅行で香水に恋をする。ISIPCAで訓練を受け、1997年にFirmenich
に入社後、Kenzo、Le Labo、Eau d' Italie、Max Maraなど、さまざまな
ブランドの香りを開発。

発売年：2022年
タイプ：ウッディ フローラル
トップ：バイオレットリーフ、アクアティック アコード、
　　　　グアテマラ産カルダモン
ミドル：ハイチ産ベチバー、シダーウッド、シルバーファー
ラスト：ムスク、パチョリ、ベジタルアンバー
容　量：30㎖/50㎖

力強いウッディノートを
ナチュラルなアクセントが引き立てる

力強く複雑でユニークな樹木の香りをモチーフにし
たこの香りは、センシュアルで自信に満ちあふれた現
代的なディースクエアード マンを象徴。自由なスピ
リットと力強いエネルギーを秘めたオリジナルウッド
は大自然の力を連想させる鮮烈な香り。

Green Wood
Edt pour homme

ウッド グリーン オーデトワレ

調香師：ダフネ・ブジェ
発売年：2019年
タイプ：アロマティック ウッディ
トップ：レモン、サントリーナ、ブルボンペッパー
ミドル：シダーウッド、ベチバー、レジンアコード
ラスト：キプリオール、アンブロックス、ムスク
容　量：30㎖/50㎖/100㎖

力強く魅惑的、深く官能的な香り

レモンのエネルギーとサントリーナのアロマのフレッ
シュさが優雅。スパイシーなブルボンペッパーの
タッチにより、さらに深みを増す。洗練されたウッ
ディノートには、樹脂特有のハーモニーがブレンド
され自然本来の豊潤さを醸し出す。

ÈDIT(h)

エディット

1905年に創業した朱肉ブランド、日光印が立ち上げたユニセックスのフレグランスブランド。「フレグランスと捺印は共にアイデンティティを印す文化である」という哲学により営まれている。2018年にパリの展示会 Maison & Objet にてブランドをローンチ。欧州での高い評価のもと欧州発売が始まり、日本での販売もスタート。国内外での活動を展開している。

Rose Mojito
eau de parfum

オードパルファン
ローズモヒート

調香師：—
発売年：2018年
タイプ：フローラル、アルコホリック、ハーバル、グリーン、ウッディ、アンバリー
トップ：ライム、ペパーミント、ラム、スカッシュ
ミドル：マグノリア、ローズ、リリー
ラスト：アンバー、シダーウッド
容　量：50㎖

とっておきのスパイス
ジェンダーレスに纏えるローズ系フレグランス

日常の自分を超えた妖艶さを与えるその香りは、着飾った夜のパーティーで周囲をハッとさせる。トップノートで広がるラム酒やミントのカクテルアコードが心を高揚させ、ミドルノート以降は華やかながら上品な落ち着いたフローラルアンバーに展開する。

Club Lonely
Extrait de Parfum

エクストレ ドゥ パルファン
クラブロンリー

調香師 ： ―
発売年 ： 2022年
タイプ ： フルーティー、グルマン、レザリー、ウッディ、
　　　　アーシー、フローラル、オリエンタル
トップ ： パッションフルーツ、メープル、アマレット、カシス、インク
ミドル ： ジャスミン、ミュゲ、パチョリ
ラスト ： サンダルウッド、セダーウッド、レザー
容　量 ： 15㎖/50㎖

不思議な世界観をもつ作品。オードパルファンより
香りが強いエクストレ ドゥ パルファン

鍛錬と思考を重ねるとき、創造物は突如として現れ、それは
まだ誰にも気づかれることなく手元を彷徨う。日の目を見る
ことのない発明を手にするあなたのもとへ届く招待状。リ
キュールのような、お菓子のような、不思議な香り。

E

Cocktail Lane
eau de parfum

オードパルファン
カクテルレーン

調香師 ： アレクサンドラ・カルラン
発売年 ： 2024年（欧州では2023年）
タイプ ： フローラル、グリーン、アルコホリック、ムスキー、ウッディ
トップ ： ジンジャー、キューカンバー、グレープフルーツ
ミドル ： リキュール、バジル、ウォータリーブーケ
ラスト ： サンダルウッド、セダー、ムスク
容　量 ： 50㎖

エディットの人気作品 Rose Mojito を独自の
Remix メソッドで再解釈して生まれた作品

スパークリングなカクテルアコードの中にビターズリキュー
ルがほのかに香る。カクテルのグラスが唇に触れた瞬間、
現実と交差するのは、それぞれの人生を彩る初心（うぶ）がみず
みずしかったころの記憶。

Souchong journey
eau de parfum

オードパルファン
スーチョンジャーニー

調香師 ： スージー・ル＝エレ
発売年 ： 2021年
タイプ ： シトラス、ティー、ハーバル、スモーキー、ウッディ、スパイシー
トップ ： ベルガモット、マンダリン、オレンジ
ミドル ： アッサムティーアコード、ミュゲ、ブラックペッパー
ラスト ： フランキンセンス、スモーキーセダー
容　量 ： 50㎖

西へ東へ、時代と大陸を旅し、姿を変える。
時と場所を越えて続く旅路のようなストーリー

中国茶葉を源流として西欧で華開いたとされる紅茶文化。
モダンに仕上げられたラプサン スーチョンの薫香を纏って
ここに辿り着いた「彼（か）の人」の香り。中国茶を彷彿させる薫
香と共に、甘さ、ハーバル＆スパイシーさ、シトラスの軽や
かさがバランスをとって香り立つ。

EDITIONS DE PARFUMS
FREDERIC フレデリック マル
MALLE

フレデリック・マル
1962年、アーティストや調香師、実業家が名を連ねる家系に生まれる。叔父のルイ・マルは著名な映画監督であり、祖父は〈パルファン・クリスチャン・ディオール〉の創設者。2000年に自身のブランド「フレデリック マル」を創設。

ラグジュアリー パルファムの先駆者。フレデリック・マルが選び抜いた調香師は、いずれも名だたるブランドで数々の名香を創り上げ、その卓越した技術と類稀なる才能で世界的に知られる存在。彼らがアーティストとして創り上げる作品に、フレデリック・マルはいわば "香りの編集者" として寄り添う。調香師たちの創造の限界を取り払い、更なる嗅覚の領域へと導いている。

ACNE STUDIOS PAR
FREDERIC MALLE アクネ ストゥディオズ パー
フレデリック マル

調香師 スージー・ル゠エレー
日常生活や旅行先で発見する植物、香り、味の多様性からインスピレーションを得ている。天然原料の生産者のもとを頻繁に訪れることも。子供の頃から植物学に情熱を注いでいた彼女は、合成や合成素材の趣味も発達させ、独自のパレットと創造的なアウトプットを広げている。

発売年：2024年
タイプ：フローラル
主な香料：アルデヒド、ローズ、ヴァイオレット、オレンジブロッサム、バニラ、ピーチ、サンダルウッド、ホワイト ムスク
容　量：50㎖/100㎖

アクネ ストゥディオズ とフレデリック マル 初のコラボレーション

クールでありながらチャーミング。ラフでありながら心地よく、無邪気でありながら魅力的な香り。フレッシュなアルデヒドが弾け、ローズとピーチ、オレンジブロッサム、それらをバニラの優しい香りが引き立て、ホワイトムスクとサンダルウッドのエキゾチックな香りへと続く。

EAU DE MAGNOLIA

オードゥ マグノリア　EAU DE TOILETTE

発売年：—
タイプ：フレッシュ
主な香料：レモン、グレープフルーツ、ベルガモット、
　　　　　シダー、オークモス、パチュリ
容　量：10㎖／30㎖／50㎖／100㎖

マグノリアの花は、
柑橘を感じる爽やかな香りが印象的

マグノリアが持つユニークなフレッシュさを
ベルガモットなどのシトラスノートで印象的
に表現。微かなアプリコットと共に、セン
シュアルなノートへと移ろう。肌と交わりな
がら長時間にわたりその余韻を深く残す、タ
イムレスな魅力にあふれた香り。

E

調香師　カルロス・ベナイム

アメリカで最も偉大な調香師のひとり。伝説的な香水
「ポロ ラルフローレン」やその他多くの愛される名作の作
者。彼は子供の頃、モロッコで、薬剤師でありエッセン
シャルオイルの抽出に情熱を注いでいた父親を通じて香
水と出会う。その後、調香師アーネスト・シフタの指導
の下、香水の組成に関する深い知識を身につけた。

HEAVEN CAN WAIT

EAU DE PARFUM　ヘブン キャン ウエイト

発売年：2023年
タイプ：—
主な香料：ピメント、クローブ、アンブレット、キャロット
　　　　　シード、アイリス、バニラ、ベチバー、プラム
容　量：10㎖／50㎖／100㎖

巨匠ジャン＝クロード・エレナが
手がけた温かなスパイスが描く
官能的な香りの旅

クローブやピメント、そして洗練された魅力を放
つアイリス。ベチバーが全体の構成を支えていき
いきとした印象を与え、ピーチとプラムがまろや
かさをもたらす。複雑で控えめな魅力を持ち、気
品あふれる温もりを感じさせるフレグランス。

調香師　ジャン＝クロード・エレナ

長いキャリアを通じてオーデコロンの構造を再考
し、常に正確さと抑制を用いてきた。彼の香水の
スタイルは、静かで絶妙なミニマリズムへの頌歌
であり、それを音に例えるなら、室内楽。それ
が芸術なら、正確な水彩画のスケッチ。

ローズ トネール ROSE TONNERRE

発売年：2022年
タイプ：シプレー
主な香料：ゼラニウム、ハニー、ターキッシュローズ ア
　　　　　ブソリュート、トリュフアコード（ベチバー、
　　　　　パチュリ、カシュメラン）
容　量：10㎖／50㎖／100㎖

伝説の調香師、エドゥアール・
フレシェが描く唯一無二のダークで
ドラマティックなローズの香り

他に類を見ないほどクラシカルでタイムレス。
多面的で多彩な香りが広がる。爽やかでも
ありながら、フルーティさも感じ、すべてが
調和しながらも個性を感じさせる。ローズ
ノートがドラマティックでセンシュアルな香
りへと進化を遂げたフレグランス。

調香師　エドゥアール・フレシェ

同世代で最もクリエイティブな調香師の一人。彼の鋭敏な嗅覚
は、学生だった彼を天才にし、その後、創意工夫の重要な要
素となっている。スターとなった今でも、謙虚で妥協のない自
己規律を保ち、原材料の匂いを嗅ぎ、基本的な知識をリフレッ
シュするという朝の儀式を一度も欠かしていない。ポイズン、
モンタナ、マイケル・コースなどの有名な傑作を手がけている。

ELLA K

エラケイ

ELLA Kのテーマは旅。旅やポエムによって新たな香りの世界を発見する。クリエーター・調香師のソニア・コンスタンがこれまで旅してきた、世界の地。それぞれのストーリーを通して、彼女が主役として生きている人生の折々の感動を香りに表現している。それは旅のエッセンスとフランス香水の匠が掛け合って紡がれる香りの詩。

POÈME DE SAGANO

サガノの詩

調香師　ソニア・コンスタン
大手香料会社ジボダンのマスターパフューマー。数々の有名ブランドのフレグランス創作に関わりながら、自身のブランドELLA Kを2017年に立ち上げた。これまでも多くの受賞歴があるスター調香師の一人。

発売年：2018年
タイプ：シトラス、ウッディ
主な香料：【シトラス】ベルガモット、グレープフルーツ、ユズ、
　　　　　【フレッシュ】ミント、ユーカリ、抹茶、バンブー
容　量：100mℓ

日本への旅。
さまざまなグリーンが
植物のみずみずしさを映す

竹の葉が空高く太陽を隠すように茂り、風と共に魂を運んでいく。グレープフルーツ、ベルガモットの爽やかなトップノートから、ミント、そしてユーカリのグリーン調が広がり、抹茶の苦みがアクセントになった甘みとフレッシュ感を合わせもった香り。

MUSC K

ムスクK

調香師：ソニア・コンスタン
発売年：2023年
タイプ：ムスキー、ウッディ
主な香料：ピンクペッパー（CO2エキストラクト）、
　　　　　オリスバター（ORPUR TM）、ハイチ産ベチバー（ORPUR TM）、
　　　　　ムスク、シダー、サンドリリー、マングローブ、
　　　　　アンブロフィックス、サーブル
容　量：100㎖

ブラジルへの旅。
雲のようなホワイトムスクで締めくくる

フレッシュで塩っぽい香りを運ぶサンドリリーの香り
から始まる。ペッパーのアラベスク、砂浜で遊び、潮
風が時を刻み、マングローブのウッディさ、ソル
ティーなイリスが混ざり、土っぽいベチバーとアンブ
ロフィックスが広がる。

CAMELIA K

カメリアK

調香師：ソニア・コンスタン
発売年：2023年
タイプ：フローラル、シトラス
主な香料：レッドカメリア ジャポニカ〜セントトレックによるカメ
　　　　　リアのイメージ〜 BLOOD OF CHINA、ベルガモット、ナ
　　　　　チュラルなイタリア産インテグラルベルガモット、ドラ
　　　　　ゴンフルーツ、チュベローズ、サンバックジャスミン、
　　　　　ローズ、トンカビーンズアブソリュート、バニリン（米
　　　　　油から採取したナチュラルバニリン）
容　量：100㎖

ベトナム・サパ渓谷への旅。
美しい自然を堪能できる魔法のような時間

夏の朝、花々が朝露にぬれ、赤いカメリアの美しさに
目がくらむ。みずみずしいカメリアの香りを際立たせ
るため、ベルガモットとドラゴンフルーツを組み合わ
せ、さらにバニラとトンカビーンズの甘さがセンシュ
アルを醸し出すフローラルフレグランス。

Essential Parfums

エッセンシャル パルファン

高級化が進みすぎたフレグランスの世界に、フェアな価格と確かな品質で一石を投じる。それが「エッセンシャル パルファン」の掲げる使命。手に届く価格で、とにかく最高の香りを届けることを使命とする。壮大な野望を夢物語で終わらせないのは、フレグランス業界で25年以上のキャリアを持ち、香水のことを知り尽くした歴戦の創業者たちの確かな経験。

NICE BERGAMOTE

ナイス ベルガモット

調香師　アントワン・メゾンデュー
香水の都グラースで生まれ、天然香料メーカーを営む祖父と父のもとで育つ。法律と美術史を何年も研究した後に、香水の道へ。Burberry、Armani、Gucci、Montblanc、Valentino、Acquadi Parmaの調香を担当している。

発売年：2018年
タイプ：シトラス、ウッディ
トップ：ベルガモットオイル（イタリア産）、マンダリンオイル（イタリア産）、ブラックペッパーオイル（マダガスカル産）
ボディ：ローズウォーターエキス、ジャスミングランディフローラ（エジプト産）、イランイラン（コモロ島産、サステナブル）
ベース：トンカマメジノイド（ベネズエラ産、サステナブル）、シダーウッドオイル（アメリカ産）、アキガラウッド
容　量：10mℓ/100mℓ

**爽やかなフルーティフローラル
コモロ諸島の花々が華やかに花開く**

イタリア・カラブリア州の最高級ベルガモットに、コモロ諸島のバラ、ジャスミン、イランイランのフローラルアコードが華を添え、シダーウッドとトンカマメがやわらかく温かなベースを残す。永遠のコンテンポラリー。

THE MUSC ザ ムスク

調香師　カリス・ベッカー

名香Diorのジャドールを手がけ、2017年に名門ジボダン・パフューマリースクールの現校長に就任し、フランスの芸術文化勲章も受章した香水界のスーパースターの1人。Dior、Yves Saint Laurent、Marc Jacobs、KILIANなど、傑作と呼ばれる世界的に有名なフレグランスを生み出している。

発売年：	2018年
タイプ：	ムスキー、パウダリー
トップ：	レッドジンジャーオイル(ラオス産、サステナブル)、ラバンディングロッソオイル(フランス産)
ボディ：	マホニアル、ビーワックス(ラオス産、Abs、サステナブル)
ベース：	サンダルウッドアルバムオイル(オーストラリア産、サステナブル)、ニルバノリド・ムスク
容　量：	10㎖/100㎖

E

サンダルウッドが極上の滑らかさを表現した温かみのある香り

フレッシュでハニー、そして温かみを感じる、魅惑的な香りの絶妙なブレンド。ジンジャーとラベンダーの幕開け。蜂蜜が特別なムスクと相まってとろける甘さをもたらし、サンダルウッドが極上の滑らかさを表現する。

BOIS IMPÉRIAL ボア アンペリアル

調香師　クォンタン・ビッシュ

ダンサーでもあり劇団の芸術監督。化学の学位がないにもかかわらず、グラースでの1か月の調香のインターンシップに潜り込み、その後名門ジボダン・パフューマリースクールにて香水の組成の研究に数年を費やす。2020年にベスト調香師の一人に選出。Jean Paul Gaultier、Paco Rabanne、Yves Saint Laurent、Azzaro、Mugler、Chloé、Ex Nihilo、Etat Libre d'Orangeの香水を制作している。

発売年：	2020年
タイプ：	ウッディ、スパイシー
トップ：	バジルオイル(エジプト産)、ティムットペッパーオイル(ネパール産)
ボディ：	ベチバーオイル(ハイチ産、サステナブル)、ジョージウッド、ペタリア
ベース：	パチョリオイル(インドネシア産、サステナブル)、アキガラウッド、アブロフィックス
容　量：	10㎖/100㎖

芸術的に創られた官能的でフレッシュな香り

インドネシアの最高級パチョリからバイオテクノロジーでアップサイクルされた、アキガラウッドを中心に芸術的に組み上げられた、官能的でフレッシュなウッディノート。

ROSE MAGNETIC ローズ マグネティック

調香師　ソフィー・ラベ

2005年にフランソワ・コティ賞を受賞。ジャン・パトゥの調香師ジャン・ケルレオとの出会いから始まる。ISIPCAをトップの成績で卒業後、ジボダンからIFF、そしてフィルメニッヒと活躍の場を移す。Bvlgari、Calvin Klein、Estee Lauder、Givenchy、Yves Saint Laurent、Hugo Boss、ArmaniやPenhaligonの重要な香りを生み出してきた。

発売年：	2018年
タイプ：	フローラル、スウィート
トップ：	グレープフルーツオイル(イタリア産)、マンダリンオイル(イタリア産)、ペパーミント
ボディ：	ローズエッセンシャル(LMR)、ダマスクローズ(トルコ産、Abs、LMR、サステナブル)ライチアコード
ベース：	シダーウッド、バニラビーンズ(マダガスカル産)、シンフォニド・ムスク
容　量：	10㎖/100㎖

遊び心と中毒性、それでいて現代的、官能的な花々の香り

すべての花の中で最も官能的なこの花は、神が創り賜うたすべての創造物の美と背徳を表す。遊び心と中毒性、それでいて現代的。ほのかに苦いグレープフルーツとフレッシュなペパーミントが、愛らしさに影を差す。

ESTĒE LAUDER

エスティ
ローダー

1946年、わずか4種のスキンケア製品と、女性は誰でも美しくなれるというシンプルな理念を揚げ、ミセス エスティ ローダーは、自身の名を冠にしたブランド「エスティ ローダー」をニューヨークに創業。高品質な製品が美容界に旋風を巻き起こし、現在では世界でも屈指の高級化粧品ブランドとしてその地位を確立している。

Modern Muse
Eau de Parfum Spray

モダン ミューズ
オーデ パフューム スプレィ

発売年：2014年
タイプ：ラッシュ フローラル ウッディ
主な香料：フレッシュリリー
容　量：50㎖

強さとやわらかさを併せたデュアル インプレッションの香りのフラグランス

フローラルが醸し出す爽やかさと、ウッディの温かみという二つの相反するアコードの組み合わせ。エキゾチックなマンダリンとハニーサックル ネクターが、露を含んだ花びらのみずみずしいセンセーションを通して、はじけるようなエネルギーを放つ。

Dream Dusk
Eau De Parfum Spray

ドリーム ダスク オーデ パフューム スプレィ

発売年：2021年
タイプ：フローラル マリン
主な香料：チェリー ブロッサム、ブラックカラント、バッドゼラニウム
容　量：100㎖

美しい夜のとばり、終わりのない夢がはじまる

春に花開くときの強い香りを捉えたチェリー ブロッサム ア
コードを、爽やかなブラック カラント バッドとゼラニウムが
包み込む。夕暮れどきの秘密の花園のように、心地よく
神秘的な香り。

Pleasures
Eau de Parfum Spray

プレジャーズ オーデ パフューム スプレィ

発売年：—
タイプ：シアー フローラル
トップ：ホワイト リリー、バイオレット リーブス
ミドル：ベイローズ、ブラック ライラック、ホワイト ピオニー、
　　　　ピンク ローズ、カロカロンデ
ラスト：ウェスト インディアンパチョリ
容　量：15㎖ /50㎖

新しいライフスタイルに寄り添い、
摘みたての花束のような心地よさで包んでくれる

春の雨に洗われた、花々の透明感。清らかに輝くフローラ
ルの花束に、ベイローズのエキゾチックなアクセントが香
り、美しい余韻を残す。空気のようにやわらかく、心地よく、
そして忘れがたい香り。

Etat Libre d'Orange

エタ リーブルド オランジェ

「エタ リーブルド オランジェ（オレンジ自由国）」は野心的でセンセーショナルな香りのジュース。情熱的で豊かで、解放された香水。原料は最高級の"なまもの"であり、皮膚と融合されたときにはじめて、身にまとう者と一体となる。それは自由によって創造され、自由を愛し、自由に愛される、ある種、別次元の知性を感じさせる全く新しい香水。

LES FLEURS DU DECHET – I AM TRASH

レ フルール デュ デシェ―アイ アム トラッシュ｜ゴミの花

調香師：ダニエラ・アンドリエ
発売年：2018年
タイプ：ウッディ、フルーティ
トップ：アップルエッセンス（アップサイクル）、ビターオレンジ（アップサイクル）、グリーンタンジェリン（アップサイクル）
ボディ：ローズ（Abs、アップサイクル）、イソ イー スーパー（アップサイクル）、ガリゲットストロベリー（アップサイクル）
ベース：アトラスシダーウッド（アップサイクル）、サンダロール（アップサイクル）、アキガラウッド（アップサイクル）
容 量：30㎖／50㎖／100㎖

気高く神々しい花
香料の残滓から生まれた革新的な香り

天上の雲間から降り注ぐ光。ゴミ山の頂上に屹立する一輪の花。その花は気高く神々しい。リユースでもリサイクルでもない、アップサイクルという手法で香料の残滓から生まれた革新的な香り。「滅びゆく地球への一つの奉仕」をイメージした香水。

THE GHOST IN THE SHELL

ゴースト イン ザ シェル｜
攻殻機動隊

調香師：ジュリー・マセ
発売年：2021年
タイプ：スウィート、ムスキー
トップ：アクエル™、ユズ(EO)、ヘキシルアセテート(MANE社／バイオテクノロジー)
ボディ：ジャスミン(Abs)ムギャン™、ミルキースキンアコード
ベース：モスアコード、ビニルグアイアコール(MANE社／バイオテクノロジー)、オルカノックス™
容　量：30㎖/50㎖/100㎖

人体の驚異とパラドックスを語る香水

世界に衝撃を与えたサイバーパンクSFコミック「攻殻機動隊」への
オマージュ。天然とバイオテクノロジーの原料が補完しあう香水の未
来。人体の驚異とパラドックスをイメージする香り。この香りとの融合
により、人を進化させるというテーマを持つ香水。

LA FIN DU MONDE

ラ ファン デュ モンド｜世界の終わり

調香師：クォンタン・ビッシュ
発売年：2013年
タイプ：パウダリー、スモーキー
トップ：ポップコーン、ブラックペッパー、ローステッドセサミ
ボディ：フリージア、クミンシード、アイリス(Abs)
ベース：ガンパウダーアコード、アンブレット、サンダルウッド
容　量：50㎖/100㎖

新約聖書の予言。世界の終末の香り

アルマゲドン、終末論カルト、マヤ暦——人々は世紀末のパ
ニックに耐えた。そして、新約聖書の予言と終末の時と破局。
世界の終末をイメージした香水。

EXPERIMENTUM CRUCIS

エクスペリメンタム クルーシス｜光と重力を超えて、香りの新道 いざ開かん

調香師：クォンタン・ビッシュ
発売年：2019年
タイプ：フローラル、ウッディ
トップ：ライチ、アップル、クミン
ボディ：ローズ ネオアブソリュート、ジャスミン(Abs)、ハニーアコード
ベース：アキガラウッド©、パチョリ、ムスク
容　量：100㎖

薔薇が林檎を支配し、愛が重力を従える世界の芳しい香り

もしも林檎の代わりに、芳しい薔薇がニュートンの頭上に落ちていたら、
革新的な香りの法則が生まれていたかも。薔薇が林檎を支配し、愛が
重力を従える世界。物理法則を変えることをテーマにした香水。

ETRO

エトロ

Musk
Edt

ムスク オーデトワレ

調香師：ジャック・フローリ
発売年：2004年
タイプ：ソフト オリエンタル
トップ：ベルガモット、グレープフルーツ、バーベナ
ミドル：ホワイトローズ、サンダルウッド、
　　　　ガイアックウッド、シダーウッド
ラスト：ウェストインディアン サンダルウッド、ムスク
容　量：50㎖/100㎖

**エレガント、時を超越した
クラシックなフレグランス**

草木と苔が鬱蒼と茂る魔法の森を彷彿させる香り。フレッシュな香りとインテンスな香りで構成された上品な嗅覚のハーモニーが見事。そのマイルドな香りは力強く、即座に識別できる個性を見せる。

1968年にジンモ・エトロがミラノに設立。日本では着物の帯に使われることもある、オリエンタルテイストのカシミール文様に、西洋的なアレンジを加えてモダンな印象のテキスタイル「ペイズリー」を発表。1989年にはペイズリーをあしらったパッケージを使用したフレグランスを発表し、時代に沿ったテキスタイルを提案し続けている。

White Magnolia
EDP

ホワイト マグノリア
オーデパルファム

調香師：オリビエ・クレスプとのコラボレーション
発売年：2021年
タイプ：フローラル ムスク
トップ：カラブリアン ベルガモット、シダーウッド
ミドル：マグノリア、ホワイトウッズ
ラスト：クリーミー ムスク
容　量：100㎖

伝統と革新を同時に表現した
フローラル ムスク

木蓮の花の輝きがクリーミーなムスクと混ざり合い、青々と茂る植物の温かみを包み込んだ、自然が持つ美と偉大さへの賛美歌。思いがけず現れる花の香りがピュアでモダンな、調和のとれたコンビネーションによって香りをさらに印象づける。

Fatalité

ファタリテ

ファタリテ オードパルファン
酒池肉林

発売年：2023年
タイプ：フローラルブーケ
トップ：レモン、リーフグリーン、フィグ
ミドル：ジャスミン、ローズ、ミューゲ、ピオニー、フリージア
ラスト：ムスク、パチョリ、パウダリーノート
容　量：50㎖

理性をも崩落させるような、
ひと時の甘く煌びやかな宴を想起させる香り

フィグの溶け込むような甘さから恍惚と夢見心地に
なるような可憐な花々の香りが次々と花開く。透き通
る女性の肌へむせ返るほどに仕込まれた白粉を思わ
せるパウダリーノートが、怪しくも翻弄されずにはい
られない魔性性を感じさせる。

自分の武器は自分で決める。
香り／ボトル／ボックスで完成する一つの物語。
我慢ばかりが増えた時代の中で忘れていた、あなたが本当に望むトキメキを提案する。
── 運命を狂わす程の魔性性を秘めた香りをあなたの物語の一頁に ──

ファタリテ オードパルファン
早熟の君

発売年：2023年
タイプ：フローラルブーケ
トップ：ベルガモット、レモン、カルダモン、ネロリ、
　　　　リーフグリーン、イランイラン
ミドル：ミューゲ、ジャスミン、ローズ、ライラック、
　　　　ヘリオトロープ、シクラメン、ヒヤシンス、オーキッド
ラスト：グアイアックウッド、サンダルウッド、ベンゾイン、ムスク
容　量：50㎖

繊細な器の中には抱えきれないほどに秘めた、老練さを感じさせる香り

アルデヒドの効いたフレッシュなリーフグリーンの香り立ちが、一瞬で儚い少年期のような脆さを思わせ、スズラン、ジャスミン、リラのクラシカルなフローラルブーケが花開く。次第に甘さを帯びたムスクが重く続き、自分だけの少年が手が届かない存在へと成長してしまうような悲しさを感じさせる。

FENDI

フェンディ

1925年にアデーレとエドアルド・フェンディ夫妻がローマの中心地にレザーとファーの工房を創立したことから始まる。ブランド設立以来、比類のない職人技で最高品質の原材料を扱い、謙虚さと敬意を欠かさず物作りをしている。フレグランスコレクションもこの伝統を継承し、フェンディ家初代から現在に至るまで、そしてアーティスティック ディレクターのキム・ジョーンズが、ファミリーの秘密の園が持つストーリーを香りで表現している。

Casa Grande

カーサ グランデ

調香師：クエンティン・ビシュ、
　　　　ファニー・バル、アン・フリポ
発売年：2024年
トップ：チェリーリカー
ハート：インセンスオイル
ベース：レザー
容　量：100㎖

レザーの気高さと、スイートチェリーの甘やかさ

Casa Grande というオリエンタルなフレグランスは、フェンディの歴史を体現している。スパイシーで魅惑的なソマリアのミルラに、まろやかでセンシュアルなアンバー、甘くクリーミーなチェリー、ぬくもりを感じさせるレザーが、複雑に交錯しながらも見事に調和。バニラビーンズとトンカビーンズのアブソリュートが醸し出す親密な雰囲気で、メゾンの力強さとのバランスを取った香り。

Perché No

ペルケノ

調香師：クエンティン・ビシュ、
　　　　ファニー・バル、アン・フリポ
発売年：2024年
トップ：ピンクペッパーコーン
ハート：サンダルウッド
ベース：サンダルウッド
容　量：100㎖

リネンシーツの心地よさと、
アンティークウッド特有の温かみ

マスター調香師クエンティン・ビシュが作り上げたこのPerché Noは、太陽の下に干してあるシーツのように、フレッシュでありながらリアルで、心地よく、調和が取れている。フレッシュさのなかに、ブラジル産のピンクペッパーのスパイシーさと、インセンスのスモーキーなノートがかすかに感じられ、サンダルウッドの芳香が全体にまとまりを持たせてニュアンスを残す。

Prima Terra

プリマ テッラ

調香師：クエンティン・ビシュ、
　　　　ファニー・バル、アン・フリポ
発売年：2024年
トップ：マンダリンオイル
ハート：ローズマリーオイル
ベース：オークモス
容　量：100㎖

温かい大地に嵐のように降り注ぐ
雨とオーデコロンの残り香のよう

広々と開けた土地の、絵画のように美しい自然。強烈で、しかし豊かな恵みをもたらす激しい雨の後の土の匂いが、カラブリアやシチリアのタンジェリン、チュニジアやモロッコのローズマリーと混ざり合い、オークモスが温かみと安定感、ウッドやレザーのノートをもたらしている。力強くも荒々しい、豊穣な自然に着想を得て作り上げた、フレッシュなフレグランス。

FERRAGAMO

1923年、ハリウッドにオープンした靴専門ブティックがブランドの原点。1927年、ブランド創設者サルヴァトーレ・フェラガモは故郷イタリアに戻り、その後はラグジュアリーファッションのトータルブランドとして世界的な地位を確立。ブランドが掲げる3つの本質的価値観である「伝統と職人技」「時代を超えた普遍的エレガンス」「創造性」を貫いた、こだわりの香りづくりを続けている。

Signorina Unica Edp

シニョリーナ ウニカ オーデパルファム

調香師：ジェローム・エピネットとのコラボレーション
発売年：2024年
タイプ：ウッディ グルマン
トップ：イタリアンベルガモット、
　　　　イタリアン リヴィエラ マリン アコード、
　　　　ピンクシュガー、マンダリン
ミドル：ホワイトアザレア、ヴァイオレット、
　　　　カシミアウッド、ブラックカラント
ラスト：バニラビーン アブソリュート、
　　　　トンカビーン アブソリュート、
　　　　アンブロクサン、ティラミスクリーム
容　量：30㎖／50㎖／100㎖

ティラミスとフローラルの魅力的な甘さが現代女性の内なる輝きを鮮やかに表現

自由な精神を持つ、コスモポリタンな女性の魅力を讃える「シニョリーナ ウニカ」。きらめくシトラスと、爽やかなそよ風を思わせるイタリアン リヴィエラ マリン アコードで始まると、ハートノートでは繊細なホワイトアザレアとイタリアンティラミスの魅惑的なフレーバーが織りなすフローラル グルマンのコンビネーションが、洗練された甘い雰囲気を醸し出す。

Oceani di Seta Edp

オセアニ ディ セタ オーデパルファム

調香師 ： エミリー・コッパーマン、アリエノール・マスネ
発売年 ： 2021年
タイプ ： フローラル アクア
トップ ： ソルティアコード
ミドル ： マグノリア、フィロ ディ セタ エクスクルーシブアコード
ラスト ： ヘリオトロープ
容　量 ： 50㎖／100㎖

コレクション同士のレイヤリングも可能
海をイメージした爽やかな香り

魅力的なキアロスクーロ (明暗のコントラスト) を持つ、生き生きとしたフローラル アクアの香り。最初に現れるクリスタル ソルティアコードは海の力強い波を思わせ、グリーン感を帯びたハートノートと、やわらかなヘリオトロープが気高さを放つ。

F

Ferragamo　フェラガモ レッドレザー オーデパルファム

Red Leather Edp

調香師 ： イヴ・カサール & ジャン=マルク・シャイラン
発売年 ： 2024年
タイプ ： シトラス アロマティック レザー
トップ ： イタリアンベルガモット、マンダリンの果実、ジンジャー
ミドル ： エジプト産ジャスミンアブソリュート、
　　　　　イリス アルティメイト、ローズマリー
ラスト ： ハイチ産ベチバー、ソフトレザー、
　　　　　ニューカレドニア産サンダルウッド
容　量 ： 50㎖／100㎖

パワフルなレッドに彩られたボトルが印象深い
センシュアルなエレガンスを追求した香り

現代のマスキュリニティを力強くセンシュアルに解釈し、自らの力と野心を育み、切磋琢磨する男性の魅力的で信頼できる精神性を表現。活き活きとした印象と温かみのあるニュアンスがベチバーのアーシーなアロマへと続く一方で、スパイシーなジンジャーと高揚感を演出するサンダルウッドが流れるような余韻を残す。

Signorina Libera Edp

シニョリーナ リベラ オーデパルファム

調香師 ： ジェローム・エピネット
発売年 ： 2023年
タイプ ： フローラル ムスキー グルマン
トップ ： ベルベットペア、カラブリアンベルガモット、エレミ
ミドル ： イタリアンイリスバター、ローズアブソリュート、プラムネクター
ラスト ： カシミアウッド、アンブロクサン、ピンクシュガー
容　量 ： 30㎖／50㎖／100㎖

輝くようなイエローボトル
フローラル＆グルマンの甘さが高揚感を演出

ベルベットペアとカラブリアンベルガモットから始まり、爽やかなアロマのエレミが重なる。ローズとプラムネクターが繊細とセンシュアルさのコントラストを演出。イリスやピンクシュガーが甘さを加え、温かみのある余韻に続く。

Flora Notis

フローラノーティス
ジルスチュアート

JILL STUART

ラテン語で「花の本質」という意味をもつFlora Notis JILL STUART。2018年にニューヨークを拠点に活躍するファッションデザイナー、ジル・スチュアートの花々へのこだわりと想いを込めた、花の香りに包まれた上質なライフスタイルを提案するブランドとして誕生。花それぞれの個性と、季節の訪れが感じられる11種の香りを取り揃えている。

Sensual Jasmine Eau de Parfum

センシュアルジャスミン オードパルファン

発売年：2019年
タイプ：グリーンフローラル
トップ：シトラス、グリーン
ミドル：ジャスミン*、ミュゲ、ヒヤシンスグリーン
ラスト：ムスク、ウッディ
容 量：5㎖/20㎖/100㎖

＊天然香料

知的で爽やかな印象と内にひそむ艶やかさをもつ、甘美で奥深い香り

シトラスとグリーンのみずみずしさから、ジャスミンを中心としたセンシュアルな甘さが香り立ち、内にひそむ魅力を解き放ってゆく。ミュゲやヒヤシンスグリーンが重なり、青々とした生花の生命力を想わせ、ラストは不思議な魅力を漂わせてゆく。

Cherry Blossom チェリーブロッサム オードパルファン Eau de Parfum

発売年：2018年
タイプ：フルーティフローラル
トップ：ライチ、グァバ
ミドル：ピーチフラワー、ライラック、ローズ*
ラスト：アンバー、ムスク
容　量：5㎖/20㎖/100㎖

＊天然香料

**甘くふくよかに広がり、ほんのり上気したような
ときめきと高揚感をもたらす香り**

ライチとグァバのジューシィなトップに、ピーチフラワーやライ
ラックが甘くふくよかに広がり、ローズが彩りを添え、春が来た
喜びを表現。ラストで感じるアンバーやムスクが甘さだけでな
く、包み込まれているような心地よさへと導く。

White Rose ホワイトローズ オードパルファン Eau de Parfum

発売年：2018年
タイプ：フレッシュフローラル
トップ：マンダリン*、グリーンアップル
ミドル：ホワイトローズ、ミュゲ、マグノリア
ラスト：サンダルウッド
容　量：5㎖/20㎖/100㎖

＊天然香料

**清らかな透明感が、
心までも浄化するような香り**

グリーンアップルとマンダリンのトップにはじまり、ホワイトロー
ズ、ミュゲ、マグノリアが重なり、朝露に濡れてみずみずしく、透
明感を増して輝く。ラストには深い瞑想にも用いられるサンダル
ウッドが心を解き放ち、どこまでも澄み切った気持ちへ。

F

FLORIS

フローリス

創業1730年。歴史と経験と品質へのこだわりから生みだされる優美な気品ある香りが、歴代の英国王室からも愛されてきたメゾンフレグランス。豊富な調香レシピをひも解き、さらに磨きあげられたフレグランスは、フローリス創業家9代目により、ロンドンの中心地ジャーミンストリート89番地において創作されている。

Eau de Toilette
Cefiro

FL オードトワレ セフィーロ

調香師　エドワード・ボデナム

フローリス家9代目であり調香責任者。本店ジャーミンストリート89番地の地下で香水を製造していた祖父の手伝いをしながら、幼少期から日常的に香りに親しんできた。「調香する量がほんの少し違うだけで、香りは毎回変わる」。香りのもつ奥深さに飽きることなく、先祖代々受け継がれてきたレシピブックをひも解き、伝統を守りながら新しい香りの創作をつづけている。

発売年：2002年
タイプ：シトラス・フローラル
トップ：ベルガモット、レモン、ライム、マンダリン、オレンジ
ミドル：カルダモン、ジャスミン、ナツメグ
ベース：シダーウッド、ムスク、サンダルウッド
容　量：50㎖/100㎖

地中海に吹く「そよ風」の名を持つ
爽やかなシトラスフレグランス

スペイン語のセフィーロは、優しくさわやかなそよ風。イギリスの名門ホテル「ザ・サヴォイ」から、ホテルのアメニティとして世界中の旅行者を癒したい、というリクエストを受けて創られたフレグランス。穏やかさと洗練を併せ持つユニセックスタイプの香り。

Eau de Toilette
Lily FL オードトワレ リリー

調香師：エドワード・ボデナム
発売年：2023年
タイプ：フローラル・グリーン
トップ：ホワイトティー、アクアティックデュアコード
ミドル：リリーオブザバレー、ブルガリアンローズ、イランイラン
ベース：シダーウッド、ムスク
容　量：50㎖/100㎖

ピュアな美しさと飾り気のない
天真爛漫さに満たされる

艶やかな花々のみずみずしさが、リリーオブザバレーとブルガリアンローズの華やかさによってさらに強調され、ホワイトティーの香調がクリーンな効果をもたらす。バランスの取れたフローラルの香りのやわらかな余韻を残す、チャーミングなフレグランス。

F

Eau de Parfume
Mulberry Fig FL オードパフューム
マルベリーフィグ

調香師：エドワード・ボデナム
発売年：2023年
タイプ：フローラル・アンバー
トップ：フィグ、カルダモン、ヴァイオレットリーフ
ミドル：オリス、ベチバー、ココナッツ
ベース：サンダルウッド、シダーウッド、アンバー
容　量：50㎖/100㎖

セント・ジェームズ・パークの
美しさ、静けさを表現した香り

英国内で最大級といわれるイチジクの木が立ち並ぶ、ロンドンで最も古い王立公園のひとつであるセント・ジェームズ・パークからインスパイアされたフレグランス。オリスのパウダリーでやわらかなキャラクターと、フルーツ、スパイスを組み合わせた、フローラル・アンバー。やすらぎを与えてくれる香り。

Eau de Parfume
Honey Oud FL オードパフューム
ハニーウード

調香師：エドワード・ボデナム
発売年：2014年
タイプ：グルマン・アンバー
トップ：ベルガモット、ハチミツ
ミドル：ウード、パチュリ、ローズ
ベース：アンバー、ラブダナム、ウード、ムスク、バニラ
容　量：50㎖/100㎖

とろけるようなハチミツと、あたたかい
ベルベットのような心地よさに包まれる

英国老舗高級百貨店のハロッズのために創作した、贅沢な深みあるウードオイルを使用したフレグランス。イングリッシュハニーとバニラの甘い香りがウードオイルと溶け合い、芳醇で繊細なローズの美しさを際立たせる香り。

FRAPIN

フラパン

1270年より、最高格付けのグラン・シャンパーニュ地区のフォンピノ城に所有する、300ヘクタールという最大規模の畑でぶどう栽培をし、コニャックを造り続けている老舗メゾンのフラパン。「アール・ド・ヴィーヴル」(生活の美学) を体現する家族経営のメゾンとして、フランス特有のライフスタイルを表現したパルファンを展開している。

1270

調香師 ： シドニー・ランセッサー
発売年 ： 2010年
タイプ ： スパイシー、オリエンタル
トップ ： キャンディドオレンジ、ナッツ、レーズン、
　　　　　プラム、ココア、トンカビーン、コーヒー
ミドル ： ヴァインフラワー、エヴァーラスティング、
　　　　　リンデン、ペッパー、スパイス
ラスト ： プレシャスウッド、ガイアックウッド、
　　　　　ホワイトハニー、バニラ
容　量 ： 100㎖

人生の喜びに
すべてを捧げた者たちのための香水

食欲をそそる数々のフルーツのノートにプレシャスウッドの豊かさとホワイトハニーの官能性、そしてバニラの芳醇なエキゾチシズムが絶妙に調和する。肌の上で次第にそのさまざまな様相をあらわにするブランドのシグネチャー香水。

CHECKMATE チェックメイト

調香師：カミーユ・シュマルダン
発売年：2021年
タイプ：レザー、ウッディ
トップ：イタリア産ベルガモットエッセンス、
　　　　イタリア産レモンエッセンス、インド産カルダモンエッセンス
ミドル：グリーンレザー、ヘリオトロープ、イリス
ラスト：スエード、ヴァージニアシダーウッドエッセンス、
　　　　カシミアウッド、モダンウッド
容　量：100㎖

父と子、二つの世代を結びつけるチェスの時間
父性愛に満ちた二人の情景を描いたフレグランス

カルダモンティーを飲みながらゲームに没頭する傍ら、素焼きの鉢の中の熟れた柑橘は日光であたためられ、道に沿って咲くイリスとヘリオトロープの香りが辺り一面に広がる。そんなストーリーに基づいて創られたフレグランス。

F

SPEAKEASY スピークイージー

調香師：マルク＝アントワーヌ・コルティッチエート
発売年：2012年
タイプ：ウッディ、レザー
トップ：マルティニーク産ラムエクストラクト、インド産ダヴァナエッ
　　　　センス、イタリア産オレンジ、ブラジル産ライム
ミドル：ロシア産フレッシュミント、エジプト産ゼラニウム
ラスト：オリエンタルレザーアコード、シスタスアブソリュート、ラブダ
　　　　ナムアブソリュート、スティラックス、ターキッシュタバコア
　　　　コード、タバコアブソリュート、エヴァーラスティングアブソ
　　　　リュート、トンカビーンアブソリュート、ホワイトムスク
容　量：100㎖

「スピークイージー」
禁酒法時代、違法なバーを指す名として
囁かれていた言葉

ラム、ミント、ライムによるモヒートアコードに支えられ爽やかに立ち上がるタバコを、エヴァーラスティングのリキュールのような豊かさとトンカビーンのファセットが引き立てる。アルコールよりさらに禁じられた快楽であるがゆえに作られた、逞しく官能的な煙草の香り。

BONNE CHAUFFE

ボンヌ ショーフ

調香師：メイブ・マッカーティン
発売年：2023年
タイプ：ウッディ
トップ：ダヴァナオイル(LMR)、マダガスカル産ブラックペッパーオイル(LMR)
ミドル：オークウッドCO2(LMR)、ブランアブソリュート(LMR)、ダークプラム
ラスト：パチョリハート3(LMR)、ヴァージニアシダーウッドハート(LMR)、
　　　　シャムベンゾインレジノイド、ジャワ産ヴェチバーオイルMD(LMR)
容　量：100㎖

五感をあたため、光り輝かせ、磨き上げ、
目覚めさせる香水

小枝や乾燥した根が樫の薪木と共に燃えさかり、分厚い煙のベールに包まれた炎の中であたたかみと安心感を与えてくれる。パチパチと燃える音が聞こえ、空気を優しく抱きあたためる冬の暖炉を思わせる香り。

GIVENCHY

ジバンシイ

ユベール・ド・ジバンシィが1952年に創業したブランド。世界的大女優オードリー・ヘプバーン主演の映画『麗しのサブリナ』をはじめ、『ティファニーで朝食を』、『おしゃれ泥棒』、『パリの恋人』、『昼下りの情事』などの名作映画の衣装を手がける。洋服をはじめバッグ、財布、コスメ、そして香水などさまざまなアイテムを展開。

Irresistible
Eau de Parfum

イレジスティブル
オーデパルファム

調香師：ファニー・バル、ドミニク・ロピオン、
　　　　アン・フリッポ
発売年：2020年
タイプ：フローラル・ウッディ・フローラル
トップ：スパークリングペアー、アンブレット
ミドル：フルーティローズ、オーリス
ラスト：バージニアセダーウッド、ムスク
容　量：35㎖/50㎖/80㎖

**愛くるしくてエレガント
すべての人を虜にする香り**

華やかなローズをブロンドウッドが包み込む、フェミニンで優しいフレグランス。スパークリングペアーやアンブレットのジューシーさが、はじけるようなローズの香りと混じり合い、まぶしいほどの華やかさをもたらす。

Gentleman Society
Eau de Parfum

ジェントルマン オーデパルファム ソサイエティ

調香師：カリーン・ドゥブロイユ、マイア・レルナウト
発売年：2023年
タイプ：ウッディ・フローラル・アロマティック
トップ：ジュニパーベリー、セージ、カルダモン
ミドル：ベチバーカルテット、ナルキッソス、アイリス、
　　　　ソルティアコード
ラスト：アンブロクサン、セダー、サンダルウッド、バニラ
容　量：60ml/100ml/200ml（一部店舗限定）

G

多様性や創造性を尊重する共感する、
すべての人のための香り

ナルキッソス（水仙）は甘く重厚でありながら草原のような青々しさを持つ香り。"ナルシシズム"の語源でもあるこのナルキッソスの香りが、他者を尊重しつつ、自らの価値観を信じるジェントルマンの一面を表現。ウッディノートとのエレガントなコントラストが印象的。

La Collection Particulière
DE GIVENCHY EAU DE PARFUM
Accord Particulière

『ラ コレクション パルティキュリエ』
ド ジバンシイ オーデパルファム
アコール パルティキュリエ

調香師：―
発売年：2020年
タイプ：ウッディ・ムスキー
トップ：ターキッシュ ダマスクローズ エッセンス
ミドル：ハイチアンベチバー エクストラクト、
　　　　インドネシア パチョリ エッセンス
ラスト：アンブロックス®
容　量：100ml

すべてにおいて妥協を許さない
オートクチュールの精神を体現した
プレミアムフレグランス

厳選された香料を用い、まとう人の個性を最も洗練された形で引き出すよう調香されている。そのまま使用することはもちろん、『ラ コレクション パルティキュリエ』のその他の香りとレイヤリングしてお気に入りの香りを作ることも可能。

Goldfield & Banks

ゴールドフィールド
アンド バンクス

オーストラリアのエッセンス。創設者のディミトリ・ウェバーは、フランス生まれベルギー育ちのヨーロピアン。大企業の香水部門のマーケッターおよびPR担当者として、15年もの間、香水業界に従事した。たまたま出張で訪れたオーストラリアの風土に一目惚れし、すべてを捨ててここに住みたいと思いたち、彼の地で自身の香水メゾンを立ち上げることになった。

SUNSET HOUR

サンセット アワー

調香師：オノリーヌ・ブラン
発売年：2021年
タイプ：ウッディ、フルーティ
トップ：デザートピーチアコード、ペアーアコード、
　　　　マンダリン(イタリア産)
ボディ：ジンジャー（ナイジェリア産）、ピンクペッパー、
　　　　ジャスミンサンバック
ベース：サンダルウッド(オーストラリア産)、バニラ(マダガスカル産)、
　　　　カシュメラン、ソルティーキャラメル
容　量：10㎖/50㎖/100㎖

お気に入りのデザートピーチ
ドラマチックな香り

夕日がビーチに沈みゆくような、ドラマティックな瞬間の連続を感じる香り。デザートピーチ、洋ナシ、マンダリンからはじまり、華やかなフローラルにピンクペッパーが酸味を加え、サンダルウッドが夜の帳をそっと下ろす。

BOHEMIAN LIME

ボヘミアン ライム

調香師：カリーヌ・サータン・ボア
発売年：2020年
タイプ：シトラス、ウッディ
トップ：キャビアライム（オーストラリア産）、ベルガモット（イタリア産）、
　　　　マンダリン（ブラジル産）、コリアンダーシード
ボディ：ベチバー（ハイチ産）、シダーウッド・アトラス（モロッコ産）、
　　　　ジョージーウッド
ベース：サンダルウッド（オーストラリア産）、
　　　　パチョリ（インドネシア産）、アンバー
容　量：10ml／50ml／100ml

自生するシトラスの木々
この大陸がはじめて太陽と出会う場所

オーストラリア最東端の小さな街バイロンベイ。この大陸がはじめて太陽と出会う場所とこの地に集うボヘミアンたちへの讃歌を表現。緑豊かな熱帯雨林の奥深く、滝の近くに自生する、シトラスの木々が放つ生命力を感じる香り。

G

PACIFIC ROCK MOSS

パシフィック ロック モス

調香師：フランソワ・メル・ブドワン、カリーヌ・サータン・ボア
発売年：2016年
タイプ：アロマティック、シトラス
トップ：レモン（イタリア産）、マリンアコード
ボディ：ロックモスアコード、セージ（フランス産）、ホワイトフラワー
ベース：シダーウッド、ムスク、アンバー、モス
容　量：10ml／50ml／100ml

緑豊かなオーストラリアの海岸
フレッシュでアロマティックな香り

マリンノートにアロマティックなエッセンスを加え、まるで緑豊かなオーストラリアの海岸を散歩しているかのような完璧な夏の日の気分に。青い海にざぶんと飛び込んだときのフレッシュな波しぶきのような香りが広がる。

SILKY WOODS

シルキー ウッド

調香師：ハミッド・メラーティ・カシャーニ
発売年：2021年
タイプ：スウィート、パウダリー
トップ：シナモン
ボディ：イランイラン、ジャスミンサンバック
ベース：アガーウッド（オーストラリア産）、サンダルウッド、
　　　　タバコ、バニラ、ムスク、アンブレット
容　量：10ml／50ml／100ml

官能的で革新的
熱帯雨林のデインツリーから抽出したウッド

持続的に収穫可能となった熱帯雨林のデインツリーという貴重な木材から抽出したウードを使用。オーストラリアの先進的な感覚を捉えた、楽しくて繊細、かつ非常に官能的で革新的なブレンド。

GOUTAL

グタール

1981年にアニック・グタールにより、パリで創業。ピアニスト、ファッションモデル、さらにはアンティークディーラーなどのさまざまな経験を経て、自身が生まれながらに持つ、香りを紡ぎだす才能に目覚める。独立系パフューマーの草分けとしてブランドを創設すると、瞬く間に世界中の香水愛好家たちの心と嗅覚をつかみ、現在に至る。

EAU D'HADRIEN
EAU DE TOILETTE

オーダドリアン
オードトワレ

調香師：アニック・グタール
発売年：1981年
タイプ：シトラス
主な香料：シチリア産レモン、
　　　　　グレープフルーツ、サイプレス
容　量：50㎖/100㎖

**爽やかで生き生きとした、
輝くようなシトラス アロマティック**

きらめくようなフレッシュさと控えめなエレガンス、そして並外れたモダンさ。シトラスカクテルのようなオーダドリアンが体現するのは、照りつける太陽の下、テラスから広がるトスカーナの風景そのもの。メゾン初のヒット作は、時を超えて愛されつづけている。

AMBRE SAUVAGE ABSOLU
EAU DE PARFUM

アンブル ソヴァージュ アプソリュ オードパルファム

調香師：アニック・グタール
発売年：2023年
タイプ：ウッディ
主な香料：ラベンダー、アイリス、ダークウッド
容　量：50㎖／100㎖

東洋と西洋を結び付ける貴重な存在
野性的で、官能的なアンバーウッディ

ラベンダーの爽やかさとアイリスの滑らかさに温もりを添えるのは、ダークウッドやパチョリの組み合わせによって類まれな豊潤さを放つアンバーアコード。東洋への敬意を表した、洒脱としていながら、温かく包み込むようなふくよかな香り。

G

FOLIE D'UN SOIR
EAU DE PARFUM

フォリー ダン ソワール オードパルファム

調香師：―
発売年：2022年
タイプ：ウッディ オリエンタル
主な香料：ピンクペッパー、ターキッシュローズ、
　　　　　インセンス、レザー
容　量：50㎖／100㎖

この上なく大胆な印象を放つ、
スパイシーなアンバー レザリー

ピンクペッパーが巻き起こすときめきの魔力、そしてウッディでスパイシーな衝動。アニックを象徴するローズとレザーの競演。ミルラやフランキンセンス、ココアが現れ、虜になるほどの艶やかさ。温もりと魅力にあふれたオリエンタルフレグランス。

GUERLAIN

ゲラン

1828年にパリで誕生。創業者であり、初代調香師でもあるピエール フランソワ・パスカル・ゲランは、ナポレオン三世の婚礼を祝し、〈オーデコロン イムペリアル〉(現在の〈オーインペリアル〉)を、妃であるユージェニー皇后に献上したことで、「フランス皇室御用達調香師」の称号を得る。現在も、感性豊かな表現と自然の美しさの昇華を追究し続けている。

AQUA ALLEGORIA
NEROLIA VETIVER

アクア アレゴリア
ネロリア ベチバー オーデトワレ

調香師：デルフィーヌ・ジェルク
発売年：2022年
タイプ：フローラル ウッディ
トップ：バジル、ベルガモット、プチグレン
ミドル：ネロリ、イチジク、ローズ
ラスト：ベチバー、ホワイトムスク
容　量：75㎖／リフィル200㎖

地中海の煌めきを描くフローラルなネロリの香り

カラブリア産ネロリのフローラルな輝きをエレガントなベチバーと爽やかなバジルが引き立て、まろやかなイチジクの香りで包む。明るく煌めくフローラル ウッディの香り。

AQUA ALLEGORIA
BOSCA VANILLA

ボスカ ヴァニラ フォルテ
オーデパルファン

調香師：デルフィーヌ・ジェルク
発売年：2023年
タイプ：ウッディ アンバー
トップ：ユーカリの葉、ビターオレンジ
ミドル：イモーテル、ヴァニラチンキ
ラスト：流木のアコード
容　量：75㎖/リフィル200㎖

流木のアコードで包み込んだ、
太陽の光を浴びた濃厚なヴァニラ

流木のアコード、海辺に漂う潮の香り、温かなヴァニラがめぐり逢い、太陽のようなまぶしい光で包み込むエバーラスティングフラワーがアクセントを添える。あたり一面に広がる黄金色の光が照らす自然の神秘を賛辞するオーデパルファン。

L'ART & LA MATIÈRE
TOBACCO HONEY

ラール エラ マティエール
タバコ ハニー オーデパルファン

調香師：デルフィーヌ・ジェルク
発売年：2023年
タイプ：アンバー ウッディ
トップ：アニス、セサミ
ミドル：バニラ、ウード、ハニー
ラスト：タバコ、トンカビーン、サンダルウッド
容　量：100㎖/200㎖

アンバーなウッディノートが奏でる、
タバコの新しい解釈

危険なまでにセンシュアルな素材「タバコ」。タバコアコードがハニーという対照的な素材との出会いによって、その最も美しいファセットを現す。タバコアコードにハニーの黄金の輝きを吹き込むことで、相反する2つの素材が香りの化学反応を起こす。

ラール エラ マティエール
ネロリ プラン シュッド オーデパルファン

L'ART & LA MATIÈRE
NÉROLI PLEIN SUD

調香師：デルフィーヌ・ジェルク
発売年：2024年
タイプ：アンバー スパイシー フレッシュ
トップ：ターメリック、アーモンド
ミドル：シナモン、モロッコ産オーガニックネロリ、
　　　　オレンジブロッサムアブソリュート
ラスト：ベチバー、サンダルウッド
容　量：100㎖/200㎖

ネロリの香りと熱気に満ちた砂漠への飛行

オレンジブロッサムの農園の上に広がる青い空。目がくらむようなフレッシュなネロリの香りが大気を満たす。シナモンやターメリックのスパイスが熱気を、ベチバーがドライな空気を描きながらネロリの風とぶつかる。サン＝テグジュペリの名作、小説『南方郵便機』からインスパイアされた香水。

HEELEY

ヒーリー

調香師、そしてデザイナーでもある英国人ジェームズ・ヒーリーにより考案されたヒーリー・オードパルファン。芸術ともいえる伝統的な調香技術を用いてフランスで製造されている。厳しい基準を満たす希少な香料から生み出される、デリケートな香りの変化を楽しめるコンテンポラリーで独創的なジェンダーフリーフレグランス。

Cologne Officinale

ヒーリー オードパルファン
コローニュ オフィシナル

調香師　**ジェームズ・ヒーリー**
ロンドン大学キングスカレッジにて哲学と美学を学ぶ。法廷弁護士の資格を持つ。現在はパリを拠点に活動。最近のコラボレーションとしてドン・ペリニヨン（LVMH）やメゾン・キツネの香りの創作などがある。

発売年 ： 2023年
タイプ ： グリーン、オリエンタル
トップ ： バジル、ガルバナム
ミドル ： ラベンダー、ローズマリー、セージ
ラスト ： アンバー、オークモス
容　量： 100㎖

70年代のコロンを彷彿させる強烈なインパクト

アジュールブルーの地中海に広がる風景のエッセンスをキャプチャーしたオードパルファン。芳しいグリーンハーブがオリエンタルアンバーに覆われ、プロヴァンスとオリエントの融合の地、まさにマルセイユを明確に表現している。

Menthe Fraîche

ヒーリー オードパルファン マント・フレッシュ

調香師：ジェームズ・ヒーリー
発売年：2004年
タイプ：グリーン、シトラス
トップ：スペアミント、ペパーミント、ベルガモット
ミドル：グリーンティ、フリージア
ラスト：ホワイトシダー
容　量：100㎖

清潔と調和、白い歯とリップグロス、若くセクシーなファッションモデルをイメージ

まるでガーデンミントのようにみずみずしくさわやかな香り。クラッシュミントに織り交ぜられたシシリアンベルガモット、グリーンティ、ホワイトシダー。ふわりと軽やかに身にまとうフレグランスは臭覚へのアントラクト（間奏曲）のように香る。

Sel Marin

ヒーリー オードパルファン セル・マラン

調香師：ジェームズ・ヒーリー
発売年：2008年
タイプ：マリン、シトラス、ウッディ
トップ：レモン、イタリアンベルガモット、ビーチリーフ
ミドル：シーソルト、モス、アルジー
ラスト：シダー、ムスク、レザー
容　量：100㎖

航海中の少年、輝かしく自然で美しい、少し日に焼けたビキニラインをイメージ

太陽、砂浜、そして海の風。すがすがしい海からの風とあたたかい砂浜、そして太陽をイメージした香り。ベチバーとシダーの流木や白樺がゆっくりと乾いていく間に、目の覚めるようなレモンの香りがグリーンモスの香りへと移り変わる。

Verveine d'Eugéne

ヒーリー オードパルファン ヴェルベーヌ ド ユージーン

調香師：ジェームズ・ヒーリー
発売年：2005年
タイプ：シトラス、グリーン
トップ：ベルガモット、大黄、カルダモン
ミドル：レモンヴァーベナ、ブラックカラント、ジャスミン
ラスト：ホワイトムスク
容　量：100㎖

鋭い知性の持ち主、エレガントな週末のガーデナーのイメージ

フレッシュでシンプルなレモンヴァーベナの香り。ホワイトムスクによってやわらかに香るフローラルが、ベルガモットと青々としたブラックカラントの若い蕾と混ざり合い、調和している。

HERMÈS

エルメス

1837年にティエリ・エルメスにより、パリのバス・デュ・ランパール通りに開いた馬具工房が始まり。のちに鞍や馬具はもとより皮革製品に至るまで、社会変化に応じたさまざまな製品を提案するようになる。1925年、メンズウェア、ゴルフ用ブルゾンの登場を皮切りに、ジュエリー、スカーフ、時計、フレグランスなど、メゾンにおける多彩なクリエイティビティを育んでいる。

H24
Herbes Vives

H24 エルブ ヴィーヴ
オードパルファム

©Studio des fleurs

調香師：クリスティーヌ・ナジェル
発売年：2024年
香りのエモーション：フレッシュ、デリケート
主な素材：フレッシュハーブ、ナシのシャーベット、フィスクール®
容　量：50㎖／100㎖

植物や土から立ち上る芳しさが感じられる
雨あがりに漂う心地よい自然の香り

雨の後に香りを強める新鮮なクラリセージ、セイボリー、ソレル、ヘンプ、パセリといったハーブを、洋梨のグラニテと、ミントの香りを放ち驚くほどフレッシュな感覚を肌に残す感覚分子「フィスクール®」とともに融合させている。

Hermessence
Oud Alezan

エルメッセンス ウード・アルザン
オードパルファム

調香師：クリスティーヌ・ナジェル
発売年：2024年
香りのエモーション：ウォーム、センシュアル
容　量：100㎖

香りは記憶の中にしっかりと刻み込まれた
新たな物語の出発点

類まれなるアッサム産のウードはあたたかく官能的な
香調をそなえた素晴らしいエッセンス。沈香と、花び
らを感じるナチュラルなローズウォーターとローズオ
キシドがひとつになって誕生したフレグランス。

©Studio des fleurs

©Studio des fleurs

Un Jardin
À Cythère

シテールの庭 オードトワレ

調香師：クリスティーヌ・ナジェル
発売年：2023年
香りのエモーション：ウォーム、センシュアル
主な素材：草原(イネ科)、オリーブの木、フレッシュピスタチオ
容　量：30㎖/50㎖/100㎖

花の色や木々の緑を持たない
黄金色に輝く庭園

ウッディ・シトラスのオードトワレは、包み込むような
黄金の草原、生き生きとしたオリーブの木、フレッ
シュなピスタチオを想起させる香りを組み合わせて
いる。いつまでも若々しい木々に恵まれたギリシャの
庭が、優しい風にのって香る。

Hermetica

エルメティカ

新しい切り口で今までにない香水を創りたいというクララ・モロイ、ジョン・モロイの信念のもと、2018年に誕生。画期的なフォーミュラを採用することで香りと潤いを同時に与えながら高持続性も可能に。また、アルコールフリー、ヴィーガン処方、クルエルティフリー、サステナビリティへの配慮、ジェンダーレスといったさまざまなアプローチで人にも環境にもやさしいフレグランスを展開している。

Pomeloflow
Edp

ポメロフロウ
オーデパルファム

調香師：アリエノール・マスネ
発売年：2023年
タイプ：フルーティ フローラル
主な香料：ピンクグレープフルーツ、ルバーブ アコード、
　　　　　ジャスミン アブソリュート
容　量：50㎖/100㎖

きらめくような喜びに満ちたフレグランス

ビタミン豊富なシトラスの魅力がゆっくりと広がり、長く楽しめるフレッシュな香り。ピンクグレープフルーツオイルにフルーティな酸味を感じさせるルバーブアコードが加わり、シトラスの香りが際立ち、エジプト産ジャスミンアブソリュートが余韻を残す。

Macomba
Edp　マコンバ オーデパルファム

調香師：アリエノール・マスネ
発売年：2022年
タイプ：ウッディ
主な香料：コンバヴァ アコード、マテ オイル、ベチバー オイル
容　量：50㎖/100㎖

爽やかなマテ茶とシトラスが陽気に香る
目覚めの朝に最適なフレグランス

マテオイルにグリーンノートとコンバヴァアコードをブレンドし、ベチバーオイルで包み込むことによって、植物の活気あふれる活き活きとした香りに仕上げている。一日の始まりにふさわしい、自然の息吹を感じるようなフレグランス。

Peonypop
Edp　ピオニーポップ オーデパルファム

調香師：フィリップ・パパレラ
発売年：2021年
タイプ：フローラル
主な香料：オスマンサス アブソリュート、
　　　　　ピオニー モレキュール、ラズベリー エッセンス
容　量：50㎖/100㎖

卓越した愛、腕いっぱいに抱えた
ピオニーの花束のよう

ピオニーポップは愛する人に捧げるピンクの花束。オスマンサスアブソリュートとピオニーモレキュールはローズの香りに甘い佇まいをもたらし、ラズベリーエッセンスはリッチなアクセントをプラスする。

Tonkandy
Edp　トンカンディ オーデパルファム

調香師：アリエノール・マスネ
発売年：2024年
タイプ：アンバー
主な香料：トンカビーンエッセンシャルオイル、
　　　　　ミルキーキャラメルキャンディアコード、バニラアブソリュート
容　量：50㎖/100㎖

子どもの頃に夢中になったお菓子を思い起こす
温かみのある甘い香り

子どもの頃の思い出や美食の楽しみなど、歓喜に満ちた贅沢な世界を表現したフレグランス。トンカビーンズのパウダリーな温かさが、マダガスカル産バニラビーンズをまろやかで魅力的な香りで包み込む。とろけるお菓子のようなグルマンの儚い香り。

HISTOIRES de PARFUMS

イストワール ドゥ パルファン

南フランスに生まれモロッコで育ち、自然の恵みや豊かな地中海の香りに囲まれて色彩センスと嗅覚を磨いたジェラルド・ギスランによって誕生したイストワール ドゥ パルファン。香りを通じて物語を想起させることをテーマに作り上げられたおしゃべりで個性的な作品たちは、まさに嗅覚で読まれる本とでも言うようなコレクション。

1969

発売年 ：2001年
タイプ ：ウッディ、グルマン
トップ ：パッションフルーツ、ピーチ
ミドル ：ローズ、ホワイトフラワー、カルダモン、クローブ
ラスト ：パチョリ、チョコレート、コーヒー、ホワイトムスク
容 量 ：15㎖ / 60㎖ / 120㎖

セクシャルレボリューションを表し
激しい官能性を呼び起こす香り

エロティックな1969年を官能的で刺激的なスパイスで表現。ホワイトムスクと濃厚なチョコレートが香り立つオリエンタルなグルマンノートは、60年代の自由、寛容、恋愛のムーブメントを象徴し、強烈な官能性を呼び起こす。エロティシズムが神秘的に彩られた香り。

7753

発売年 ： 2019年
タイプ ： フレッシュ、ライトフローラル
トップ ： イタリア産ベルガモット、アイビー、マッケーンペッパー
ミドル ： チュベローズ、バーバリーフィグ、ヘリオトロープ
ラスト ： ヴェチバー、サンダルウッド、オークモス
容　量 ： 15㎖／60㎖／120㎖

**名画「モナ・リザ」の縦横の黄金比を冠した
見る者すべてを虜にする魅惑のフレグランス**

とらえどころのない表情やぼかしの技法はヴェチバーとガルバナムで、煌めく視線はシトラスノートで、魅惑的な微笑みはなめらかなチュベローズで、上品で寛容な佇まいはヘリオトロープで。歴史的名画を多方面から表現した至高の香り。

this is not a blue bottle 1/.1

ディスイズノットアブルーボトル 1/.1

発売年 ： 2015年
タイプ ： ウッディ
トップ ： ヒプノティックアルデハイド、エレクトリックオレンジ
ミドル ： メタリックゼラニウム、ポーラーハニー
ラスト ： マグネティックアンバー、エセリアルムスク、
　　　　　アロラクティブパチョリ
容　量 ： 15㎖／60㎖／120㎖

**ルネ・マグリットの油彩画
「イメージの裏切り」に着想を得たコレクション**

抗いがたい魅惑的なアルデハイド、幻想的な快楽の催眠術のような声を放つビターオレンジから生まれた香りは、パチョリのミステリアスな深淵さに導かれ感情を呼び起こす。抽象性を表現した唯一無二の香り。

FIDELIS

フィデリス

発売年 ： 2015年
タイプ ： スパイシー、ウッディ
トップ ： カルダモンオイル、グァテマラ産コーヒー、サフラン、クミンオイル
ミドル ： ローズアブソリュート、ラズベリー
ラスト ： パチョリ、アンバー、ラオス産ウード
容　量 ： 15㎖／60㎖

**神秘的で魅力的な
ゴールドの性質に触れたコレクション**

コーヒー、サフラン、そしてスパイシーなアンバーの手首に残る口づけの余韻。愛はパチョリと絡みあったローズのハートノートで生まれ、うっとりするウードの歓喜に身を委ねる。ウードで強調された色鮮やかで華麗なローズの香り。

Houbigant

ウビガン

4世紀にわたる歴史を超えて存在する唯一つのフレグランスハウス。創設者のジャン・フランソワ・ウビガンが、1775年にパリのフォーブール＝サントノレ通り19番地に香水店をオープン。創設からすぐに王侯貴族に愛され、顧客の一人だったマリー・アントワネットがフランス革命でギロチンにかけられるその時まで、肌身離さずウビガンの3本の小瓶を胴衣に忍ばせていたというエピソードはあまりにも有名。

FOUGÉRE ROYALE

フジェール ロワイヤル

調香師 ： ポール・パルケ
発売年 ： 1882年
タイプ ： アロマティック、スパイシー
トップ ： ベルガモット、地中海のハーブ、ラベンダー、カモミール
ボディ ： ロンデレティア、ゼラニウム、ローズ・ド・メ、
　　　　　シナモン、クラベル
ベース ： アンバー、オークモス、クマリン、パチョリ、
　　　　　トンカマメ、クラリセージ
容　量 ： 100㎖

本来香りのしないシダという植物を
抽象的かつシンボリックに香りで表現

合成香料を世界ではじめて使用した香水としてあまりにも有名な、1882年に発売された伝説的名香。その際立ったエレガントさと高貴さ、洗練された脈動と心地よい牧歌的な美しさを保持しながら現代的に調香。

QUELQUES FLEURS
ケルク フルール ロリジナル
L'ORIGINAL

調香師：ロベール・ビエナーメ
発売年：1912 年
タイプ：フローラル、グリーン
トップ：ベルガモット、ガルバナム、タラゴン、レモン
ボディ：ジャスミン、チュベローズ、スズラン、バイオレット、ローズ、イラン
　　　　イラン、カーネーション、ブルームフラワー、オレンジフラワー、クローブ
ベース：オークモス、サンダルウッド、シベット、シダーウッド、ムスク、
　　　　アイリス、トンカマメ
容　量：100 ㎖

ダイアナ妃が結婚式でまとった香りとしても有名な名香

1912 年に発表された世界初のマルチフローラルブーケ香水。これ以降のすべてのフローラル系香水の始祖であり比類なき基準。1本の香水のために15,000 以上の花と250 の原材料が選りすぐられて捧げられた。

H

QUELQUES FLEURS
ケルク フルール ロワイアル
ROYALE

調香師：―
発売年：2004 年
タイプ：フローラル、スウィート
トップ：ブラックカラント、グレープフルーツ
ボディ：ジャスミン(Abs)、ローズ(Abs)、バイオレット、
　　　　チュベローズ(Abs)、ビーワックス(Abs)
ベース：サンダルウッド、シダーウッド、バニラ、ムスク
容　量：100 ㎖

フランスの王族のみならず、さまざまな国の王侯貴族らに愛用される香水

真の王室のためにつくられた香り。ラグジュアリーなオリエンタルアコードによるフローラルの爆発。思いもよらないひねりの利いた香り。まるで太陽に優しく包まれたかのよう。王道的な芳香が心地よい余韻を残す。

エッセンス レア
ESSENCE RARE

調香師：ジャン＝クロード・エレナ
発売年：2018 年
タイプ：パウダリー、フローラル
トップ：マンダリン
ボディ：ジャスミン、ローズ、スズラン
ベース：サンダルウッド、オークモス、アンバー、バニラパウダー
容　量：100 ㎖

古い歴史を持つ、権威ある香水
時代を超えて愛される香り

素材の美しさが強いインパクトを放つソフトフローラル。クラシックなフレンチスタイルを踏襲しながらも、よりクリアで馴染みやすく、より繊細でいて、花や木といった素材そのものに誇りを感じる、時代を超えた香水。

HOUSE OF ROSE

ハウス オブ ローゼ

1978年、「自然と香りの店」として東京・青山でスタートしたハウス オブ ローゼ。1988年には最初のバラの香りのシリーズ「ラ・ローゼ」が誕生。Oh!Babyの愛称で知られる人気のボディスムーザーでは限定の香りを毎年発売し、素肌みがきの専門店として、香りだけではなく使い心地にまでこだわった製品を提供し続けている。

Aqua Faveur Marine Herb Spa

アクアファヴール マリンハーブスパ
オードトワレ

発売年 ： 2013年
タイプ ： アクアフローラルシトラス
トップ ： シトラスグリーンノート（ベルガモット、レモン、
　　　　　マンダリン、ライム、バイオレットリーフ、ユーカリ）
ミドル ： アクアフローラルノート（ゼラニウム、
　　　　　タジェット、ウォーターリリー）
ラスト ： ムスクノート（ムスク、サンダルウッド、アンバー）
容　量 ： 25mℓ

清らかでどこまでも澄んだ水のよう
フレッシュさの中にやすらぎを覚える香り

光を受けて明るく輝く水。清潔さと爽やかさをもつ透き通った水。深い静寂と心地よい安らぎをもたらす水。水の多様な魅力を表現した、すっきり透明な中にも穏やかな落ち着きをもたらす香り。

Jubilee Rose

ジュビリーローズ オードトワレ

発売年：2020年
タイプ：フルーティローズ
トップ：ライチ、カシス、ベルガモット
ミドル：ジュビリー・セレブレーション®、マグノリア、バイオレット
ラスト：ムスク、アンバー、イリス
容　量：30㎖

**花がほころぶように香り開く
幸福感に満たされる
ラグジュアリーローズの香り**

"究極のローズ"と言われるイングリッシュ・
ローズの中でも特に香り高い品種のひとつ
「ジュビリー・セレブレーション®」。フレッシュ
でフルーティーなトップから、華やかな甘さの
ミドル、優しく透明感のあるラストへ続く、優雅で
繊細なローズの香り。

H

La Rosé

ラ・ローゼ オードトワレ RG

発売年：2012年
タイプ：ローズグリーン
トップ：バイオレットリーフ、レモン、リツエアクベバ、スペアミント
ミドル：ローズ、ゼラニウム
ラスト：ムスク
容　量：50㎖

思わず深呼吸したくなるローズガーデンの香り

まるで朝露のローズガーデンを散歩しているよう。
みずみずしいグリーンと可憐で優雅なローズの
香りが織り成す、透き通るようにやさしい香り。

IL PROFVMO

イルプロフーモ

イル プロフーモは、1997年に創業したイタリア発のラグジュアリーフレグランスメゾン。本国で著名なシルヴァーナ・カーソリがブランドディレクターとパフューマーをつとめ、厳選された天然由来の香料や原材料を用いて、伝統的な製法でイタリアにて製造。27年の歴史の中で、ローマ教皇、マドンナ、スティングといった著名人にも支持されている。

CHOCOLAT

ショコラ

ディレクター＆パフューマー
シルヴァーナ・カーソリ
豊かな花々の香りが混ざり合った温かく光あふれる田舎で育ったことが創作のバックグラウンドに。その後モロッコ、ペルー、中国、サン・トロペなどへの旅を通じて、世界中のさまざまな香りを経験。最初の傑作と言えるフレグランス「ショコラ オードパルファム」を創り出す。

発売年：2005年
タイプ：スパイシー グルマン
主な香料：マンダリン、カカオ、バニラ、ココア、ナツメグ
容　量：50mℓ /100mℓ

ブランドを象徴する香水
大人のためのショコラフレグランス

甘いマンダリンのトップノートから、芳醇で温かみのあるビターなカカオの香りへ。スパイシーなナツメグがカカオを引き立て、ガルバナムがほろ苦さを感じさせる。フルーティなガナッシュがとろけたような、深い余韻を感じる香り。

FLEUR DE BAMBÙ

フルール ドゥ バンブー

パフューマー：シルヴァーナ・カーソリ
発売年：2005年
タイプ：アロマティック グリーン
主な香料：ティーフラワー、バンブー（竹）、
　　　　　ロータス（蓮の花）、アイビー
容　量：50㎖/100㎖

世代や性別を問わず愛されている
どこまでもピュアで澄んだ美しい香り

雄大で優美なバンブー（竹）の、真っ直ぐに伸び
る青々しい自然の風景を描いたアロマティック
ノート。アジアの魅力にインスパイされたバン
ブーと共に、みずみずしいロータス（蓮の花）、グ
リーンなアイビーがエアリーに漂う。

I

QUAI DES LICES

ケ ェ デ リ ス

パフューマー：シルヴァーナ・カーソリ
発売年：2005年
タイプ：ウッディ アロマティック
主な香料：マレーシア産ライム、パイン、ユーカリ、
　　　　　バージニア産ブロンドタバコ
容　量：50㎖/100㎖

大胆で誘惑的な、
ウッディアロマティックノート

南フランスの港町サン・トロペにある、19世紀の公共
広場であるリス広場（Place des Lices）のカフェにイ
ンスパイアされた香り。ギュッと搾ったライム入りの
カクテル、乾いたタバコのスモーキーな香りに、パイ
ン（松葉）とユーカリが爽快感をもたらす。

ISSEY MIYAKE
PARFUMS

イッセイ ミヤケ
パルファム

1992年に最初の香水である「ロードゥ イッセイ」を発表。「EAU」(水) と名付けられたこの香水は、水こそ最高のインスピレーション源であり素材であるという三宅一生の想いをもとにスタートし、香水の世界に大きな可能性を拓いた。衣服デザインと同様に、本質を追求するという姿勢に沿って、常に現代の生活にふさわしい新しい香りを提案している。

LE SEL D'ISSEY
EAU DE TOILETTE

ル セルドゥ イッセイ
オードトワレ

調香師：カンタン・ビシュ
発売年：2024年
容　量：50㎖/100㎖

海と大地が重ねる対話。
その果てなき交流、生命力みなぎる香り

現代のマスキュリニティ、その本質に捧げる新フレグランス「ル セルドゥ イッセイ オードトワレ」は生命に必要不可欠な〈塩〉がその中心に据えられている。感覚を呼び覚まし、活力を刺激する恵み深い自然のイメージを喚起し、力強い原動力を与える香り。

L'EAU D'ISSEY
EAU DE TOILETTE

ロードゥ イッセイ オードトワレ

調香師 ：ジャック・キャヴァリエ
発売年 ：1992年
タイプ ：アクアティックフローラル
トップ ：ローズ、ロータス
ミドル ：リリー、フレッシュホワイトフラワーズ
ラスト ：プレシャスウッド
容　量：25㎖/50㎖/100㎖

世界で最も美しく、最もピュアなフレグランス

それは、純粋で透明感のある水の香り。フレッシュで可憐
な表情が美しいホワイトフラワーブーケ。香りの中心はや
わらかくふくよかなシャクヤクと白いユリ。ロータス、ロー
ズの繊細さが際立つアクアティックフローラルの香り。

I

A DROP D'ISSEY
EAU DE PARFUM FRAICHE

ア ドロップ ドゥ イッセイ オードパルファム フレッシュ

調香師　アネ・アヨ

ヨーロッパ各地の文化に影響を受けて育ち、薬
学、そしてビジネスマネジメントのMBAを取得後
に幼いころから関心を抱いていた香りを学ぶため
仏・グラースのフレグランススクールGrasse Insti-
tute of Perfumeryに入学。天然香料のエキスパー
トである調香師フィリップ・ロマーノに師事。

発売年 ：2022年
タイプ ：ソーラー グリーン
トップ ：ライラック
ミドル ：ダマスクローズ
ラスト ：シダー、サンダルウッドアコード、ホワイトムスク
容　量：30㎖/50㎖/90㎖

ひとしずくの雨がめぐる香りの旅を
体現したオードパルファム

新鮮なライラックの花にクリーミーなサンダルウッドのファ
セットを加え、フローラルとグリーン、アクアティックを合わ
せた明るくフレッシュなブーケの香り。香水の原料や素材
の選定まで、可能な限り環境に配慮してつくられている。

J-Scent

ジェイセント

和の香りの香水ブランド『J-Scent』。世界に誇れる日本の美意識、独特な伝統、文化、そして今を生きる私たち日本人の暮らしに溶け込んできた香りを「和える」ことにより生み出したメイド・イン・ジャパン・フレグランス。私たちの記憶に残る情景を呼び起こす。

ほうじ茶
Roasted Green Tea

発売年：2017年
タイプ：グルマン
トップ：ココナッツ、ピーナッツ、海苔
ミドル：ジャスミン、ミント、ウインターグリーン
ラスト：イリス、シダーウッド、バニラ、クローバー
容　量：50㎖

選りすぐりの茶葉を焙煎したときの香ばしい香り

お湯を注いだときに立ち上る香ばしい香りと茶褐色が特徴のほうじ茶は、奥行きと広がりのある優しく心地よい香り。

和肌 Yawahada

発売年：2017年
タイプ：フルーティーウッディ
トップ：ペアー、グリーンノート
ミドル：ミルク、ライスパウダー、ローズ、ジャスミン
ラスト：ムスク、サンダルウッド、アンバー
容　量：50㎖

川端康成の小説『眠れる美女』を
モチーフにした官能的な香り

軽やかに鼻腔に響く果実の香りから、ミルクやライス
パウダーのやわらかな甘みが現れ、サンダルウッド
やムスクの滑らかな芳香が温もりを感じさせる。日常
を忘れ、過去を想起し夢想を去来させる、幻想的な
世界へ誘う。

力士 Sumo Wrestler

発売年：2017年
タイプ：オリエンタル
トップ：オレンジ、ユーカリ、アニス
ミドル：シナモン、ヘリオトロープ、バイオレット、オレンジフラワー
ラスト：ラブダナム、サンダルウッド、パチョリ、ジャスミン
容　量：50㎖

凛としたお相撲さんからほのかに漂う、
びんつけ油の香り

ユーカリやアニスのアロマティックな香りから、バイ
オレットやヘリオトロープの花々がびんつけ油独特の
パウダリーさを感じさせ、ムスクと芯のあるパチョリ
やサンダルウッドのアコードへ。お相撲さんの力強く
逞しい背中、お香のような懐かしい温かみのある香り。

黒革 Black Leather

発売年：2018年
タイプ：スモーキーアニマリック
トップ：レザー、ベルガモット
ミドル：タバコ、ジャスミン
ラスト：オークモス、アンバー、ムスク、バニラ
容　量：50㎖

黒革に滲む哀愁を感じさせる
スモーキーな香り

ベルガモットとともに香り立つレザーのトップノート
から、徐々に広がる紫煙の残り香、ふとした瞬間に心
を捉えるジャスミンの色気、哀愁の滲む黒革から漂う
ロマンあふれる香り。

※英国ロンドンの雑誌社 HPG media が主催する「2019 Pure Beauty Global Awards」
にてベストニューニッチフレグランス賞を受賞。

J.F. Schwarzlose Berlin

ジェイ エフ シュヴァルツローゼ ベルリン

クリエイティブディレクター
ルッツ・ヘルマン

1856年に設立されたドイツの高級香水ブランド。国際的に高く評価されるようになるが、1976年に一度終わりを迎え、2012年に復活を遂げる。いくつかの香りはブランドの歴史的名作の古いボトルを精巧なクロマトグラフィーで分析したうえで、現代的に再解析し生まれた。現在のベルリンにインスパイアされた新しい香りも登場。

1A-33

ワン エー サーティスリー

調香師　**ヴェロニク・ナイベルグ**

創業者のひとりのルッツ・ヘルマンの情熱に影響され、19世紀の香りを発見したとき、現代的な「ひねり」を加えたいと感じたことがきっかけで J.F. Schwarzlose Berlin の調香師となる。神秘的でミステリアスな分子の世界、現代アートやモダンアート、歴史や物語など、さまざまな方法でインスピレーションを得ている。

発売年 ： 2012年
主な香料 ： マンダリン、ピンクペッパー、シュプレー川のしずくアコード、ジャスミンサンバック、ライムツリーブロッサム、マグノリア、シダーウッド、アイリスパウダー
容　量 ： 50㎖

ベルリンのエスプリ
香水に加え1A-33の石鹸やパウダーも発売

50年代には、ベルリンの伝統的な香水ブランドの10年にわたるベストセラーとなる。人々を魅了し続けるマンダリンとスパイシーなピンクペッパーのフレッシュなトップノートとライムツリーブロッサム、マグノリア、ジャスミンのハートノート。

ALTRUIST アルトルーイスト

調香師：ヴェロニク・ナイベルグ
発売年：2017年
主な香料：ベルガモットエッセンス、レモンエッセンス、アクアル™、ジンジャーピュアジャングルエッセンス™、ローズスーパーエッセンス、オレンジブロッサムアブソリュート、ナツメグエッセンス、ブラックペッパーピュアジャングルエッセンス™、シダーウッドエッセンス、ベチバーエッセンス、アンブラモネー™
容　量：50㎖

フェミニスト、サイボーグ、
サバイバーのための香り

ジャック・ラカン、マイリー・サイラス、そして私たちの耳鳴りによる、欲望、色欲、無についてのスワンソング（最後の作品）。2016年にベルリンのアーティストであるポール・デフロリアンとのコラボレーションとして誕生したALTRUISTオードトワレの構成をベースにしている。

※アート＆オルファクションアワード2017インディペンデント部門受賞

LEDER 6 レーダー ゼクス

調香師：ヴェロニク・ナイベルグ
発売年：2015年
主な香料：レザー、サフラン・フラワー、ミルク、バニラピュアジャングルエッセンス™、インセンスエッセンス、スタイラックスレジノイド
容　量：50㎖

ミステリアスな雰囲気から逃れられない
ダークで官能的なフレグランス

レザー調の香水とワイルドなベルリンのクラブシーンにインスパイア。インセンスの野性的なベースノートと日本のスタイラックスレジノイドは、昔の邪悪なエロティシズムを象徴している。

FOUGAIR フジェール

調香師：ヴェロニク・ナイベルグ
発売年：2021年
主な香料：ファーン（シダ）アコード、ベルガモット、ピンクペッパー、ボックスウッド、アルテミシア、グラフトサイプレス、パチョリハート、ファーバルサム、アンバー
容　量：50㎖

アイデンティティは流動的になり、
自信に満ちた人生を始める香り

FOUGAIRは、ヴィジョンの方向性とジェンダーにとらわれない構成で、都会的なジャングルエッセンスとピンクペッパーによって輪郭を与えられている。パチョリ、ファー、ロレノックスのメナージュ・ア・トロワ（三人婚）が奥深く官能的に脈打つフレグランス。

JEAN-CHARLES BROSSEAU

ジャン - シャルル ブロッソー

Ombre Rose L'Original
Edt

オンブル ローズ オリジナル
オーデトワレ

調香師：—
発売年：1981年
タイプ：パウダリー エレガント フローラル
トップ：アイリス、イランイラン、ハニー
ミドル：スズラン、ピーチ
ラスト：サンダルウッド、ムスク
容　量：30mℓ/50mℓ/100mℓ

**20年にわたって愛された名香がパウダリーで
エレガントな趣そのままにリバイバル**

華やかなトップノートに続いて、温かみのある心地よいハートノート、そしてサンダルウッドとムスクのボトムノートが最後を飾る。パウダリーで官能的な香りの調和は、独創的で計算し尽くされた存在感で女性を魅了。優雅でクラシックなライフスタイルを求める女性のための香り。

パリで帽子とアクセサリー、オートクチュールや一流ブランドのデザインを手がけるブランドとしてスタート。設立後25年の歳月を経て、モダンでありながらクラシック、そして優雅で永久不変な香りを目指し、オンブル ローズという香水が完成。1983年にアメリカで発売以来、オリエンタル・フローラルの金字塔となり、アメリカ、ヨーロッパ、日本、北欧、東南アジアで最先端の香りの仲間入りを果たした。

Fleurs D'Ombre Rose Edt

フルール オンブル ローズ
オーデトワレ

調香師 ： ピエール・ブルドン
発売年 ： 2010年
タイプ ： フレッシュ フローラル フルーティ
トップ ： ベルガモット、グレープフルーツ、タンジェリン、
　　　　　オレンジ、ルバーブ、ブラックカラント、アップル、メロン
ミドル ： ローズ、ジャスミン、フリージア、
　　　　　フレッシュ ピーチ、マンゴー
ラスト ： サンダルウッド、ベチバー、アンバー、ムスク、イリス
容　量 ： 30㎖/50㎖

感謝と愛を込めて、
日本のために創られた香り

「オンブル ローズ」が20年以上もの間、愛され続けていることに感謝する証として「フルール オンブルローズ」が誕生した。ベルガモットやグレープフルーツなどのフレッシュな香り立ちから、フローラルフルーティへと次第に変化してゆく。ラストを飾る温かい香りは、いつまでも記憶に残り続ける。

JIMMY CHOO

ジミー チュウ

1996年に設立。高級感を感じさせながらライフスタイルを提案するアクセサリーブランドとしての地位を築きあげ、その後女性たちを虜にする最高級シューズブランドへと成長。その魅力は、ブランドの真髄がつまった官能的な香水にまで広がる。力強さをもたらす香りは、身につける女性の隠れた個性を引きだし、ジミー チュウが描く夢を引き寄せる。

JIMMY CHOO
EAU DE TOILETTE

ジミー チュウ
オードトワレ

調香師 ： オリヴィエ・ポルジュ
発売年 ： 2011年
タイプ ： フローラル
トップ ： グリーンノート
ミドル ： ティーローズ、タイガーオーキッド
ラスト ： シダーウッド、ヴィヴラントウッド
容　量 ： 40㎖/60㎖/100㎖

官能的なベールでやさしく包み込む
コンテンポラリーな香り

自信あふれるセクシュアリーを内に秘めた、魅力的な現代女性にインスプレーションを得て誕生したフレグランス。トップのグリーンノートからタイガーオーキッドとティーローズがセンシュアルでエキゾチックな印象を演出し、魅力的な香りを放つ。

JIMMY CHOO
I WANT CHOO
EAU DE PARFUM

ジミー チュウ アイ・ウォント・チュウ オードパルファム

調香師：ソニア・コンスタン、アントワーヌ・メゾンデュ、
　　　　ルイーズ・ターナー
発売年：2021年
タイプ：フローラル(オリエンタル)
トップ：マンダリン、ピーチ
ミドル：ヒガンバナ、ジャスミン
ラスト：バニラ、ベンゾイン
容　量：40㎖/60㎖/100㎖

グラマラスで自信にあふれた女性をイメージ
きらめきでドレスアップした香り

ジミーチュウらしいグラマラスで自信にあふれた女性像、友情
を大事にし、前向きでグリッターが大好きな情熱的な女性をイ
メージ。レッドカーペットのスポットライトのように、フラッ
シュが差し込むようなきらめきでドレスアップした香り。

J

JIMMY CHOO
MAN ジミー チュウ マン
オードトワレ

調香師：アン・フリッポ
発売年：2014年
タイプ：フゼア アロマティック ウッディ
トップ：ラベンダー
ミドル：パイナップルリーフ
ラスト：パチョリ
容　量：30㎖/50㎖/100㎖

グレーカラーが官能的なボトルは、
ヒップフラスクから
インスパイアされたデザイン

ウッディで芳醇なフゼアノートにパチョリやアン
バーベースのウッドの香りが、情熱的でムー
ディに広がる。洗練さとワイルドな反骨心を
持ち合わせた、自信に満ちたセクシーなプレイ
ボーイ像はまさにジミーチュウのブランドを象徴。

JO MALONE LONDON

ジョー マローン
ロンドン

1994年にロンドンで誕生。独創的な香りで英国スタイルを象徴するブランド。 何層にも重ねてオリジナルの香りを楽しむことができるセント レイヤリングが特徴。20種以上のコロン、暮らしのあらゆるシーンを香りで彩るバス＆ボディやホーム コレクションなど、クオリティの高さとスタイリッシュな装いが世界中のファンを魅了し続けている。

Red Hibiscus
Cologne Intense

レッド ハイビスカス
コロン インテンス

調香師：マチルデ・ヴィジャウィ
発売年：2021年
タイプ：ソーラーフローラル
トップ：マンダリン
ハート：レッド ハイビスカス
ベース：バニラ
容　量：50㎖/100㎖

**熱帯地域の赤い花にインスパイアされた
エキゾチックなソーラーフローラルの香り**

印象的な赤いハイビスカスの濃厚で豊かなノートに、ジャスミンサンバックが洗練された輝きのニュアンスを与え、バニラのクリーミーで官能的なタッチが全体を心地よく包み込む、温もりのある香り。

Dark Amber & Ginger Lily
Cologne Intense

ダーク アンバー & ジンジャー リリー コロン インテンス

調香師：アンドレア・ルポ
発売年：2008年
タイプ：ウッディ
トップ：ブラック カルダモン
ハート：ブラック オーキッド
ベース：キャラ インセンス
容　量：50㎖／100㎖

静謐な時間が流れる寺社を思い起こさせる、日本人にとってなじみやすい香り

日本の神聖な儀式で重んじられる貴重な伽羅の香り。清らかで妖艶なブラック カルダモンとフレッシュなリリーに、アンバーの香りが加わり華やかに演出。深みのある穏やかな香り。

J

Cypress & Grapevine
Cologne Intense

サイプレス & グレープ バイン コロン インテンス

調香師：ソフィー・ラベ
発売年：2020年
タイプ：ウッディ（フゼア）
トップ：サイプレス
ハート：グレープ バイン
ベース：アンバー
容　量：50㎖／100㎖

洗礼されていて、個性的で、大胆。フレッシュなウッディ調の印象的な香り

凛として佇むサイプレスの木の爽やかな香りに、這うように伸びるブドウのつるのウッディなノートが力強さを添える。アンバーの深さとともに、大胆さを増す魅惑的な香り。アロマティックでフレッシュ、マスキュリンな印象。

KILIAN
PARIS

キリアン パリ

創業者であるキリアン・ヘネシーは、フレンチラグジュアリーブランドの先駆者である世界的なコニャックメゾンに生を受け、その血筋に流れる才能とビジョンをパルファムの世界で開花させた。彼の究極のラグジュアリーを追求する姿勢と大胆で定石破りのアプローチが、自身の名を掲げた「キリアン パリ」というブランドを特徴づけている。

ANGELS' SHARE
EAU DE PARFUM

エンジェルズ シェア
オード パルファム

調香師：ブノワ・ラブーザ
発売年：2020年
タイプ：ザ リカーズ
主な香料：コニャック、ヘーゼルナッツ、オークウッド
容　量：50㎖

ヘネシーの血統を色濃く投影し、新たな世界が幕を開ける

まるで神への捧げもののように、熟成の過程で樽から自然と蒸発する数パーセントのコニャック。この神秘的なものをヘネシー家ではangels' share（天使の分け前）と呼ぶ。オークの木樽にしみ込んだ砂糖やアルコールが放つ芳しき香りを再現。

KOLOGNE
BY KILIAN
SHIELD OF
PROTECTION

コローニュ シールド オブ プロテクション

調香師：カリス・ベッカー
発売年：2022年
タイプ：ザ フレッシュ
主な香料：グリーンマンダリン、ローズマリー、シダーウッド
容　量：50㎖

この香りを身にまとい、
最高にクレイジーな夏を満喫する

香水は創業者キリアン・ヘネシーにとって、身を守る
盾のようなもの。同時に、無意識の不安を安心感で
包み込むものでもある。いつでもどこでも守られてい
ることを実感できる香り。ひと吹きで清らかで生き生
きとしたオーラを放つフレグランス。

K

SMOKING
HOT
スモーキング ホット
オード パルファム
EAU DE PARFUM

調香師：マシュー・ナーディン
発売年：2023年
タイプ：ザ スモーク
容　量：50㎖

スモーキーな香りを再定義した、
熱すぎて手に負えない香り

アップル・フッカ・フレーバーが温かみのあるシナモ
ン・バーク・エッセンスと調和する。燃焼の中で、ケ
ンタッキーのタバコ・アブソリュートのノートが現れ
る。オークモスとのハーモニーを奏で、バルサミック
なトーンのバーボンバニラへと続く。

KOHSHI

コウシ

KOHSHIは2010年に松野秀至が立ち上げた、「kilesa」「L'Héritage」「kohshi」の3シリーズからなるフレグランスブランド。香料会社や化粧品OEM会社としての一面もあるKOHSHIでは原料調達から調香、製造にいたるまで自社で一貫して行い、2021年には代官山に直営店pallumerをOPEN。ブランドの代表となるkilesaシリーズでは、「香りを通じて何気ない日常に彩りを持たせて欲しい」という思いのもと、優美で繊細な香りから複雑で個性的な香りまで多種多様の香水を取り扱っている。Kilesaシリーズは現在73種販売中（全108種予定）。

kilesa
anthology
eau de parfum

キレーサ　アンソロジー
オードパルファム

調香師　松野 秀至

KOHSHIの代表兼マスターパフューマー。20年以上香りと向き合い、大胆で自由な発想力と、長年の経験で培った調香の幅広い表現力が持ち味。他社製品の調香も多数手がけ、香水をメインにさまざまなフレグランス商品の香りを日々創り続けている。

発売年：2023年
タイプ：シングルフローラル
トップ：ベルガモット、カルダモン、クラリセージ
ミドル：ジャスミンサンバック、ミュゲ、ホワイトペッパー、ガーデニア
ラスト：ムスク、サンダルウッド、スチラックス
容　量：10mℓ/50mℓ

朝日に照らされるジャスミン畑に漂う、芳醇な甘美

ジャスミンの朝摘みが行われる夏の日、眩い朝日に照らされ、濃厚で馥郁たる甘さの花香が辺りを包む。ジャスミン畑に優雅になびく風は、段々と蕾が開いていくジャスミンの力強さと満ちあふれる甘美を乗せて漂う。生花のように繊細で複雑なジャスミンを中心としたボディに、品のあるヴァイオレットリーフやホワイトペッパーのアクセントが重なり合い、奥行きある芳醇な甘さと共に、熱気に満ちた芳香が広がる。

kilesa キレーサ アブサン フレイズ オードパルファム
absinthe fraise eau de parfum

調香師：松野 秀至
発売年：2023年
タイプ ：フルーティー、ハーブ
トップ ：アルモアゼ、オレンジ、カシス
ミドル ：ストロベリー、ローズ、ゼラニウム、スターアニス、スイートフェンネル
ラスト ：ムスク、アンバー、ラズベリー、バニラ、タバコ
容 量：10㎖/50㎖

禁断のアブサン酒と、濃厚な苺の魅惑

アルモアゼ、スイートフェンネル、アニスで表現されたアブサンの中毒的な香りに、ストロベリーの魅惑的な甘さと酸味が融合。妖艶と官能に満ちたローズやゼラニウムは、アブサンのハーブノートを優雅に彩り、スターアニスがスパイシーなアクセントを添えるアバンギャルドな香り。

kilesa キレーサ ルフー リヴェール オードパルファム
le feu l'hiver eau de parfum

調香師：松野 秀至
発売年：2021年
タイプ ：ウッディ、オリエンタル
トップ ：レモン、ガルバナム、ラベンダー、ウィンターグリーン
ミドル ：ローズマリー、ブラックペッパー、ゼラニウム、ジャスミン、タジェット
ラスト ：ヒノキ、アガーウッド、アンバー、ムスク、バニラ、
　　　　　サンダルウッド、スチラックス
容 量：10㎖/50㎖

K

思わず情景が浮かんでくるような芸術美

雪が降り積もる静寂の中、焚き火の木がパチパチと音を立てる。凍えるような寒さをガルバナムとウィンターグリーンで表現し、タジェットとスチラックスの甘さは燃え上がる焚き火の暖かさを思わせる。いつか消えゆくだろう炎はムスクの燈となり、心奥を照らす。

kilesa キレーサ インビジブル マン オードパルファム
invisible man eau de parfum

調香師：松野 秀至
発売年：2021年
タイプ ：フローラル、ムスク
トップ ：レモン、オレンジ、ライム、タイムホワイト、ローズマリー
ミドル ：フリージア、ジャスミン、アルデヒド、ミュゲ、キャラウェイ
ラスト ：ムスク、パチュリ、サンダルウッド、バニラ
容 量：10㎖/50㎖

ムスク、フローラル、ハーブ、ウッディ、マリン、アルデヒドが立体的に構成された香り

透明人間になりたい。そんな願望を叶えてくれる香り。シルクのように滑らかなムスクに、透明感あるフリージアや爽やかなハーブ、モダンテイストのマリンノートが重なり、何にでも馴染むような寛容さと不可思議さが共存した二面性を広げる。セダーウッド、タバコ、タイム、アルデヒドの独特なアクセントは香りを立体的に構築し、「見えないのにそこいる」絶妙な存在感を演出。

L'Orchestre Parfum

オーケストラ
パルファム

香りから音を聞き、音から香りを嗅ぐことができる能力があったら。そんな超越した感覚を再現して体感するため2017年、フランスで設立。楽器職人が作り出す音色やリズムからインスピレーションを受けた調香師たちが"香りの譜面"を書き上げ、それにあわせて音楽の巨匠たちが香りのインスピレーションを音で解釈して音楽を創り上げる。まるで耳で香りを聴き、鼻で音を嗅ぐかのような不思議な体感ができる。

PIANO SANTAL

ピアノ サンタル

調香師：ジャン・ジャック
発売年：2019年
タイプ：ウッディ
主な香料：ホワイトサンダルウッド、シダーウッド、
　　　　　ホワイトムスク、火照った肌、ベルガモット、
　　　　　アンブロキサン、温かいミルク、キャラウェイ
ピアノ奏者：エドゥアール・フェルレ
容　量：15㎖／100㎖

夢の中、大聖堂に響くピアノの音をイメージした香り

目を覚ますと、ピアノの中。まるで白檀で設えた大聖堂のよう。非現実なピアノハンマーの旋律が再び眠りへと誘う香りのインスピレーション。まどろみの中に感じる、スムース＆ミルキーな香水。

ROSE TROMBONE
ローズ トロンボーン

調香師 ： アメリ・ブルジョワ、アン・ソフィー・ベヘゲル
発売年 ： 2017年
タイプ ： フローラル、スウィート
主な香料 ： ローズ、"クリーン"ノート、ペアー、バニラ、
　　　　　サンダルウッド、ホワイトムスク、ラム
トロンボーン奏者 ： ニコラス・ベネデッティ
容　量 ： 15mℓ/100mℓ

NY・ハーレムにあるジャズクラブ
トロンボーンの音色の香り

ジャズクラブ。太陽で焼け焦げるようなトロンボーンのソロ演奏中に、自然と惹かれ合う目線と目線。傍若無人なローズをイメージ。官能的で、クリーン＆デンジャラスな香り。

ENCENS ASAKUSA
アンセンス アサクサ

調香師 ： アメリ・ブルジョワ、アン・ソフィー・ベヘゲル
発売年 ： 2017年
タイプ ： アンバー、スモーキー
主な香料 ： フランキンセンス・インセンス、ピンクベリー、サイプレス、
　　　　　アイリス、バイオレット、ミルラ、ホワイトムスク
琴奏者 ： 日原 史絵
容　量 ： 15mℓ/100mℓ

東京に佇む神聖な寺院
香炉から立ち上る日本の香り

神聖な寺院。琴のうららかな音色で、冬の祈りを聞き入れられるというイメージ。巨大な香炉から立ち上る荘厳な煙にうっとりするような、パウダリー＆ウッディな香り。

L

ELECTRO LIMONADE
エレクトロ リモナード

調香師 ： ナタリー・フェイステュアー
発売年 ： 2020年
タイプ ： シトラス、アロマティック
主な香料 ： アルデヒドバブル、ベルガモット（イタリア産）、
　　　　　ダブ・ジンジャー、ミント、ベチバー（ハイチ産）
作曲者 ： NIID
容　量 ： 15mℓ/100mℓ

地中海を望むテラス
カクテルを思わせるフレッシュな香り

サンセットを眺めながら楽しむチルアウトカクテル。柑橘の泡と一緒に踊る完璧なブレンド。フレッシュなフルーツのグルーヴ感が漂う夜へと誘うイメージ。シトラス＆スパークリングな香り。

Laboratorio Olfattivo

香りの芸術作品を生み出すためにイタリアで生まれた、全く新しい実験的なプロジェクト。才能と情熱を注ぎつづけるパフューマーたちが結集し、自分の感性と創造性のみを頼りとして香りを創り出すことをルールとして創設。ブランドとしての戦略や派手な広告宣伝からは一切距離を置き、フレグランスの革新的なアートコレクションを発表している。

NEED_U

ニードユー

調香師：マリー・デュシェーヌ
発売年：2018年
タイプ：ムスキー、アンバー
トップ：レモン(イタリア産)、ピンクペッパー
ボディ：白い花々、ジャスミン、波のしぶき
ベース：アンブロキサン、サンダルウッド、ホワイトムスク
容　量：30㎖/100㎖

繊細で魅惑的な芳香の分子が放たれ
微かな香りの誘惑が始まる

肌と共生する香水は、皮膚との遭遇によってはじめて、その繊細で魅惑的な芳香の分子が放たれる。シトラスとペッパーの幕開けからジャスミンが花開き、ムスクに移る。微かな香りの誘惑に思わず距離が近くなる香り。

BERGAMOTTO

ベルガモット

調香師：ジャン＝クロード・エレナ
発売年：2021年
タイプ：シトラス、スパイシー
主な香料：ベルガモット（カラブリア産）、ビターオレンジ、
　　　　　カルダモン、ホワイトムスク
容　量：100㎖

調香師が初めて打ち明けた
愛するベルガモットの香り

巨匠として名高い調香師のジャン＝クロード・エレナは「何の香りが一番好きですか」と尋ねられるたびに、調香師には神秘性が必要と考えていたため、「好きな香りはない」と答えてきた。でも、その意思を覆すほど、ベルガモットの香りは彼を虜にしたという。

TUBEROSIS

チュベローシス

調香師：ジャン＝クロード・エレナ
発売年：2019年
タイプ：フローラル
主な香料：カーネーション（インド産）、チュベローズ（Abs）、
　　　　　コリアンダー、スパイス、ムスク
容　量：30㎖／100㎖

秋に香る、夏からの贈り物。虜になる香り

夜が明けると冬が訪れるのでは、と思わせる寒気が襲う秋の夕暮れ。庭には、夏の生き残りと思えるチュベローズが咲いていた。その残香は幾日も調香師を虜にし、ついにチュベローシスという香水ができあがった。

VANHERA

ヴァネラ

調香師：ルカ・マッフェイ
発売年：2017年
タイプ：ウッディ、スパイシー
トップ：ベルガモット、カルダモン、四川胡椒、ピンクペッパー（CO2）
ボディ：サンダルウッド、カシミアウッド、シナモン
ベース：バニラアブソリュート、カルマウッド、ティンバーシルク、
　　　　アンバー、ムスク
容　量：30㎖／100㎖

アンバランスな魅惑を放つ
ドライでビターな香り

辛さと甘さの対立する要素が交差する、予測不能な香り。従来のバニラの常識を揺るがすアンバランスな魅力を放つ、ドライでビターな香り。

LANVIN

ランバン

1889年、ジャンヌ・ランバンはパリ・フォーブル・サントノーレ22番地に婦人帽子店をオープン。愛娘のマルグリットに着せていたお手製の子供服が顧客の評判を呼び、ファッションを手がけることになる。その後、インテリアのクリエーションにも発展し、1924年、ランバン・パルファン社を設立。1927年、名香「アルページュ」が誕生。現在も数々の香りを生み出している。

LES FLEURS DE LANVIN
WATER LILY EAU DE TOILETTE

レ フルール ド ランバン
ウォーターリリー オードトワレ

調香師：ピエール・ゲロ
発売年：2022年
タイプ：フローラル
トップ：ザクロ、ピンクグレープフルーツ
ミドル：ピンクウォーターリリー、ウォータージャスミン
ラスト：サンダルウッド、ムスク
容　量：50㎖/90㎖

ロマンティックで繊細な
フルーティ アクアティック フローラルの香り

可憐な花を咲かせるピンクのウォーターリリー（睡蓮）を中心に、朝焼けの紅に染まる風景をイメージした香りが、朝露のようなみずみずしさといつまでも変わらぬ純粋さを思い起こさせる。カラフルなブーケからインスピレーションを得たモダンな作品。

LES FLEURS DE LANVIN
BLUE ORCHID
EAU DE TOILETTE

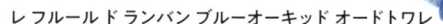

レ フルール ド ランバン ブルーオーキッド オードトワレ

調香師：アレクサンドラ・カーリン
発売年：2022年
タイプ：フローラル
トップ：カラブリア産レモン、アップル
ミドル：アイリス、ブルーオーキッド
ラスト：トンカビーン、ムスク
容　量：50㎖/90㎖

優しく心を和ませる、
大胆なシトラス ウッディ フローラルの香り

モダンでムスキーでありながら心地よさがあるアイリ
ス。パウダリーで優しい心地よさをもたらすのは、砂
糖漬けのレモンやマンダリン。オーキッドとフルー
ティなアップルが奏でる極上のハーモニーは、瞬時
に楽園のような雰囲気を連想させる。

L

LES FLEURS DE LANVIN
SUNNY
MAGNOLIA
EAU DE TOILETTE

レ フルール ド ランバン サニーマグノリア オードトワレ

調香師：ピエール・ゲロ
発売年：2022年
タイプ：フローラル
トップ：イタリア産マンダリン、アプリコット
ミドル：マグノリア、ジャスミンアブソリュート、チャイニーズオスマンサス
ラスト：バニラ、ホワイトムスク
容　量：50㎖/90㎖

エネルギッシュで明るい印象の、晴れやかな
ムスキー フルーティ フローラルの香り

甘さと酸味の中間にある明るいフローラルブーケ。晴れ
やかなマグノリアとオスマンサスのソフトでありながら弾
けるような香りが、太陽の降り注ぐ地への逃避行を連想
させる。一目惚れの恋のように抑えがたいほど沸き立つ
喜びに変えていく香り。

LAURA MERCIER

ローラ メルシエ

ローラ・メルシエは、素肌の美しさとその人の魅力を引き立てるフローレス フェイスのパイオニア として世界的に知られているアーティスト。フランスでアートを学び、"What makes you unique makes you beautiful." をフィロソフィーに化粧品のみならず、スキンケアやボディ＆バス製品、そ してフレグランスも提供している。

LAURA MERCIER
EAU DE PURFUM ローラ メルシエ オードパルファム

南仏の心地よさをまとう洗練の香り

ローラ・メルシエが幼少期を過ごしたフランス・プロ ヴァンス地方や、コートダジュールでの夏の思い出から インスパイアされた4種の香りからなるオードパルファ ム。香り豊かな庭園・温かな大地・地中海から吹き込 むほのかに甘い風など、南仏をイメージさせるようなア ロマで、まとうたび美しい自然に佇んでいるような、心 地よい感覚に誘う。いずれも甘やかな香りが、幸せな 気分をもたらし、出会う人に上品な印象を与える。

AMBRE VANILLE

アンバーバニラ

調香師：ジェローム・エピネット
発売年：2023年
タイプ：フローラル、オリエンタル
トップ：タンジェリン、ココナッツ、アーモンド
ミドル：タイガーオーキッド、ミルクフラワー、
　　　　ヘリオトロープ
ラスト：アンバー、バニラビーンズ、
　　　　ブラウンシュガー、サンダルウッド
容　量：50mL

NÉROLI DU SUD

ネロリ

調香師：ジェローム・エピネット
発売年：2023年
タイプ：シトラス、フローラルムスク
トップ：オレンジゼスト、ポメロ、カシス
ミドル：ネロリ、ラベンダー、オレンジフラワー
ラスト：ブロンドウッド、バーベナ、ムスク
容　量：50mL

ALMOND COCONUT

アーモンドココナッツ

調香師：スーザン・アースレイナー
発売年：2023年
タイプ：オリエンタル、グルマン
トップ：レモン、オレンジ、ペッパー
ミドル：ココナッツ、スミレ、ジャスミン、
　　　　オーキッド、アーモンド、ヘリオトロープ
ラスト：サンダルウッド、バニラ、パチュリ、ムスク、
　　　　キャラメル、アンバー、ベンゾイン、トンカ
容　量：50mL

L

VANILLE

バニラ

調香師：ジェームズ・クリヴダ
発売年：2023年
タイプ：ウッディ、グルマン
トップ：ミュゲ、ムスク
ミドル：キャラメル、サンダルウッド
ラスト：アンバー、バニラ
容　量：50mL

Les Parfums de Rosine Paris

パルファン・ロジーヌ　パリ

1991年マリー・エレーヌ ロジョンによって創立された「バラの香り専門」の香水ブランド。マリーはパリの郊外、ピカルディーに壮大なバラ園を所有し、自ら300品種以上ものバラの手入れをしながら、フレグランスのクリエーションの世界を広げている。バラの香りの無限の可能性とともに、本当のエレガンスを追求したフレグランスを発信している。

ROSE GRIOTTE

ローズ グリオット

調香師
ニコラ・ボンヴィル
15歳で調香の勉強のため仏・グラースへ。ジャック・モレル、フランシス・クルジャンなどに師事し、香水における芸術性や原材料に対する情熱を伝授される。ナチュラルな香料と向き合うことを大切にしている。

発売年：2021年
タイプ：フレッシュ、フローラル
トップ：ベルガモットエッセンス、タンジェリンエッセンス、
　　　　ピンクペッパー、梨
ミドル：桜の花、ジャスミンサンバック、ピオニー、金木犀
ラスト：ホワイトアンバー、シダー、ムスク、ヘリオトロープ
容　量：50㎖

**赤くハート形をしたチェリーの果実は、
動き出す新しい恋を後押ししてくれるかも…**

美味しそうな甘いチェリーのワクワクする香りと、はじけるようにみずみずしいベルガモット、タンジェリンで始まる。やがて、包み込まれるようにやわらかなサクラ、ローズ、ピオニーなどのフローラルノートが繊細で愛らしいイメージをもたらす。

MON AMIE LA ROSE

モナミ・ラ・ローズ

調香師
デルフィーヌ・ルボ
パリ出身。ローズ、ジャスミン、チュベローズなどの花の持つ魔法の世界に魅せられ、仏・グラースで調香を学ぶ。対象的な素材を用いて両面性のある香り創りが特徴。

発売年：2019年
タイプ：フレッシュローズ、ソリフロール
トップ：イタリアンベルガモット、ホワイトティー、梨の花、バンブーサップ
ミドル：ローズエッセンス、ロータス、クラリセージ、ジャスミン、ピオニー
ラスト：チェスナッツ、ヘーゼルウッド、シダー、ムスク
容　量：50㎖

ローズにホワイトティーの爽やかさ、栗のやわらかさを組み合わせたデリシャスな香り

ロジーヌのローズガーデンで咲き誇る"ブラッシュ・ノワゼット"の茂みは、のびのびとした田園風景をイメージさせる。そのバラの形、色、香りはシンプルで美しい。「モナミ・ラ・ローズ」はバラの豊かで繊細な香りを表現している。

L

LE MUGUET DE ROSINE

ミュゲ・ド・ロジーヌ

調香師：ニコラ・ボンヴィル
発売年：2017年
タイプ：フルーティー、フローラル
トップ：ベルガモットのエッセンス、ポワール、クラコント（洋ナシ）
ミドル：ミュゲ（スズラン）、トルコのローズ、エジプトのジャスミンホワイトムスク
ラスト：ホワイトムスク
容　量：50㎖

フレッシュでエレガント女性に寄り添うフレグランス

ロジーヌのローズガーデンでひっそりと咲いている白いスズランの可憐な香りを表現するのはローズとジャスミンの花とジューシーな洋ナシのアクセント。フレッシュでいてエレガントな香り。

LES SOEURS DE NOÉ

創設者
ナディア・ベナイサ

レ スール ド ノエ

2019年にナディア・ベナイサによって誕生。ブリュッセル、パリ、ニューヨークで製作し、ロンドンの高級デパート「リバティ」で発表したコンフィデンシャルフレグランスハウス。東洋と西洋の間の揺るぎない結び付き、多様性と歴史に富んだ文化の繋がりを香りで表現している。

CALL ME IRIS

コール ミー アイリス

調香師：ジェローム・エピネット、ピエール・ウルフ
発売年：2021年
タイプ：オリエンタル ムスク
トップ：ベルガモット、レモン、ピンクペッパー
ミドル：アイリス、インセンス
ラスト：バニラ、ファーバルサム
容　量：100㎖

洗練されたエレガンスを表現した詩

官能的なアイリスと神秘的なインセンスの息をのむような出会いの香り。レモン、ベルガモット、ピンクペッパーの魅力的でフレッシュな香りから始まる。完璧なハーモニーの中で、この香りは男性にも女性にも魅力的な、忘れられない目覚めを表現。

MIDNIGHT CALL

ミッドナイト コール

調香師：ジェローム・エピネット、ピエール・ウルフ
発売年：2023年
タイプ：フローラル アンバー
トップ：ベルガモット、ピンクペッパーエキス
ミドル：バイオレット、ミモザアブソリュート
ラスト：シダーウッド、クリスプアンバー
容 量：100㎖

自分を輝かせ、幸せな一面を
引き出したいときに最適な香り

トップノートは優雅でフローラルな構成を表現。ミモザアブソリュートとバイオレットによる、デリケートでエレガント、包み込むような甘さの組み合わせ。やみつきになるフローラルの香りの軌跡を肌に残す。

MITSIO VANILLE

ミツィオ ヴァニーユ

調香師：ジェローム・エピネット、ピエール・ウルフ
発売年：2019年
タイプ：オリエンタル ムスク
トップ：ベルガモット、ホワイトフリージア、アンブレット
ミドル：バニラオーキッド、ライラック
ラスト：バニラ、ムスクリキッド、流木
容 量：100㎖

フレッシュで甘い香りで幕を開ける
中毒性のある香り

ミドルノートは、テンダー（やわらかい）でフローラルなバニラの香りが広がり、シヤージュは完全に酔いしれるような、ハッキリした官能的で繊細なウッディの香りとして長く残り続ける。

OUD ROSE ウード ローズ

調香師：ジェローム・エピネット、ピエール・ウルフ
発売年：2019年
タイプ：オリエンタル スパイシー
トップ：サフラン、ダヴァナ、インセンス
ミドル：センチフォリアローズ、フリージア
ラスト：アガーウッド、ブラックレザー、パチョリ
容 量：100㎖

東洋と西洋をつなぐ魅惑的なフレグランス
私たちを2つの海岸の融合へと誘う

サフランのパワフルでスパイシーな香りで始まる。この官能への呼びかけをセンチフォリアローズが強めると、パチョリの魔法にかかったウードの神秘的なシヤージュへと溶けあっていく。この上なく格調高い香水。

LIBERTA PERFUME

リベルタパフュームは「香りの民主化」を掲げ、アートとテクノロジーのかけ算で新しい時代を目指す、新進気鋭の調香師集団。オーダーメイドパフュームという唯一の嗅覚体験に加え、日本人調香師たちの自由な発想でクリエーションされた作品を提供する。

SAKURA MAGNA サクラマグナ

調香師
山根 大輝

大学卒業後、外資系コンサルティングファームで働きながら、大沢さとり氏に師事し調香を習得。数百本の香水コレクションを持つ生粋の香水好きが高じ、2020年より「リベルタパフューム」を立ち上げる。「香りの民主化」を掲げ、調香師、ブランドディレクターとしてのみならず、香り・匂いを通したさまざまなコラボレーションを展開。2023年より、バンタンデザイン研究所で教鞭を執る。

調香師：山根 大輝、武宮 志昌
発売年：2021年
タイプ：フローラル
トップ：ジャスミンサンバック、アーモンド、イランイラン
ミドル：ジャスミンアブソリュート、バイオレット、アニス
ラスト：イリスアブソリュート、バニラアブソリュート、サンダルウッド
容　量：50mℓ

あなたは満開の「桜」の香りを知っていますか

やがて散ると知りながら、毎年同じ季節に咲き誇る花々。その花びらの奥、ひそやかに、艶やかに立ち込める脂粉のような香りのイメージを、イリスとバニラのアブソリュートで表現。それは壮大で力強く、永遠に枯れない桜の香り。

SOLTERRA ソルテッラ

調香師：山根 大輝、武宮 志昌
発売年：2021年
タイプ：シトラスグリーン
トップ：オレンジビガラード、グレープフルーツ、ガルバナム
ミドル：ネロリ、オスマンサスアブソリュート、
　　　　オレンジフラワー、チュベローズ
ラスト：オリバナム、ベチバー、シダーウッド
容　量：50㎖

爽やかに、力強く咲く
香りのない花・ひまわりをイメージ

夏の訪れを告げるのはオレンジビガラードとガルバナムの爽やかな香り。太陽のように燦々と輝く大輪の花びらは、ネロリとキンモクセイアブソリュート。その幹の太さや、どっしりと大地に根を張る力強さは、オリバナム、ベチバー、シダーウッドで表現される。

FRUCTUS フラクタス

調香師：山根 大輝、武宮 志昌
発売年：2021年
タイプ：グルマンウッディ
トップ：ブラックペッパー、ジュニパーベリー
ミドル：ダークメープルアコード、エレミ
ラスト：サンダルウッド、グアイヤックウッド、アガーウッド
容　量：50㎖

L

枯れゆく生命の、最後の輝き
秋が届ける、紅い香り

一抹の哀愁を持つもみじの木を、神聖なサンダルウッド、グアイヤックウッドで表現。 食の秋、鼻で味わうことができるフラクタスは、秋の象徴であるもみじの雄大な美しさと、同時に消えゆく寂しさを持つ二面性を表現した香り。

NIVALIS ニヴァリス

調香師：山根 大輝、武宮 志昌
発売年：2021年
タイプ：ムスク
トップ：フェンネル、アルモアーズ、ユーカリプタス、ユズ
ミドル：ミモザ、アンブレットシード、シクラメン、ライスアコード
ラスト：サンダルウッド、グアイヤックウッド、アガーウッド
容　量：50㎖

降り積もった雪が描く、なめらかな曲線から
浮かび上がるのは、真っ白な柔肌のイメージ

冬の朝の冷たさがツンと鼻腔をくすぐる様を、種々のハーブやユズで表現。粉雪のようにふわりと舞うのは、ミモザやライスアコードの上品な香り。最後は、ムスクとバニラの温もりを帯びたアコードが、人肌のような優しい余韻を残して消えてゆく。

LIQUIDES IMAGINAIRES

リキッドイマジネール

ダヴィッド・フロサールとフィリップ・ディ・メオの二人のエキスパートによって誕生したリキッドイマジネール。香水の本質的な部分に立ち戻ることを試みながら、ある性質が変容する不可思議な力、はかない次元の理性を逃れる力、物質から非物質、見えるものから目に見えないものへの変化といった「昇華」をトリロジー（三部作）によって体現している。

LIQUIDE

リキッド

調香師 ：ニスリン・グリリー
発売年 ：2022年
タイプ ：アンバー、フルーティー、スパイシー
トップ ：マンダリン、サフラン
ミドル ：キャロットシード、コリアンダーシード、オレンジフラワー、
　　　　 トランスパレントジャスミン、ソーラーアコード
ラスト ：パチョリ、ジョージーウッド、アンブロフィックス、
　　　　 シスタス、バニラアコード、ホワイトムスク
容　量 ：100㎖

リキッド（液体）の持つ力とメタル（金属）に宿る魂のミステリアスな交流

芳醇なサフランにキャロットシードとコリアンダーシードのアクセント。アンバーノートに添えられたオレンジフラワー。液体となって溶け、99.9%の純度を持つ金塊となり、ジュエリー、装飾美術に用いられてきたゴールドを称える香り。

DOM ROSA
ドン ローザ ミレジメ
MILLÉSIMÉ

調香師：ソニア・コンスタン
発売年：2023年
タイプ：フローラル、フルーティー、ウッディ
トップ：シャンパンアコード、グレープフルーツ、ペアー
ミドル：ダマスクローズ、クローブ、インセンス
ラスト：ウッディアコード、シダーウッド、ヴェチバー、ガイアックウッド
容　量：100ml

ワインの美しさを物語るような
聖なる赤いローズの香り

フレッシュな香り立ちから妖艶なローズ、そしてインセンスの軽やかなスモークが漂い、ウッディなベースノートがパワフルなコントラストをよりリッチに仕上げる。ベストセラー「ドン ローザ」の誕生10周年を記念した特別なフレグランス。

BLANCHE BÊTE
ブランシュ ベット

調香師：ルイス・ターナー
発売年：2021年
タイプ：リッチフローラル、ムスキー
トップ：アンブレットシードアブソリュート（Orpur®）、ミルクアコード、ミスティカル
ミドル：ジャスミンヴィンテージ（Natsublim®）、チュベローズペタル、マホニアル、インセンス
ラスト：トンカビーンレジノイド、カカオアブソリュート（Orpur®）、ムスキーバニラ
容　量：50ml／100ml

愛と神秘を体現する想像上の獣
伝説の白馬ユニコーンをイメージした香り

滑らかなミルキーノートと甘美なジャスミンとチュベローズ、奥行きのあるグルマンノートで伝説上の白馬ユニコーンを具現化。自らの内部から湧き出る超自然的なエネルギーに満ちた、真珠の光沢を持つ光の中でのみ現れる幻想的なフレグランス。

L

ÂME DU CŒUR
アーム
デュ クール

調香師：ナデージュ・ル・ガランテゼック
発売年：2024年
タイプ：フルーティー、オリエンタル
トップ：マンダリン、ブラッドオレンジ、グレープフルーツ、ジンジャー、ブラックペッパー、カルダモン、サイプレス、エレミ
ミドル：ココア、ガイアックウッド、ポマローズ
ラスト：トンカビーン、バニリン、ヴェチバー、シダーウッド、アキガラウッド
容　量：100ml

雷に打たれたように
感動に揺さぶられる心を香りで表現

さまざまな愛情のリズムを刻み、感情の変化に寄り添う心臓の鼓動。ブラッドオレンジとピンクペッパーによるルビーのような煌びやかなスタートから、ココアとトンカビーンのまろやかな余韻。静と動の両面を感じる香りは、心臓を模ったザクロにも似る。

LOUIS VUITTON

ルイ・ヴィトン

1854年の創業以来、革新とスタイルを組み合わせた独自のデザインを常に最高級な品質で提供。1920年代になると凝った作りのヴァニティーケースが登場するとともに、べっ甲製のヘアブラシ、象牙を使ったミラー、そしてさまざまなサイズの香水ボトルが誕生。1927年には初めてのフレグランスを発表し話題となる。現在も本物の香りの技術を構築し続けている。

Imagination

イマジナシオン

調香師 **ジャック・キャヴァリエ・ベルトリュード**
1962年フランス南部グラースで誕生。祖父の代から続くパフューマー。香水の聖地である故郷のグラースで、父から調香を学ぶ。1978年シャラボ社に入社、2000年にはマスター・パフューマーの称号を取得。2012年、ルイ・ヴィトンのマスター・パフューマーに就任。

発売年：2021年
タイプ：フレッシュ
トップ〜ラスト：アンブロックス、スリランカ産ブラックティー、カラブリアベルガモット、ナイジェリアンジンジャー、チュニジア産ネロリ、セイロン シナモン、シチリアン シダー
容　量：100ml

類い稀な香り、五感と心に火を点け、誰も抗うことのできない魅力を発揮

微量のガイヤックウッドとインセンスによってブラックティーはアンバーノートに複雑な奥行きを与え、包み込むように抱擁する。ピュアで官能的、そして洗練されたアンバーが、極めてコンテンポラリーでマスキュリンなエレガンスの表現となる。

Pacific Chill パシフィックチル

調香師：ジャック・キャヴァリエ・ベルトリュード
発売年：2023年
タイプ：フレッシュ
トップ〜ラスト：ブラックカラント、キャロットシード、セドラ、
バジル、レモン、コリアンダー
容　量：100㎖

メイローズの微かな香りが、
フローラルの甘さを加え、全体を完成させる

茂った葉が突然肌をかすめるような思いがけない感覚から香りはスタート。キャロットにアプリコットやデーツ、イチジクのクリーミーでベルベットのようなアクセントが加わり、虹色の輝きを感じさせる。大きな深みがもたらされ、香りの構造が生まれる。

Spell On You スペル オン ユー

調香師：ジャック・キャヴァリエ・ベルトリュード
発売年：2021年
タイプ：フローラル
トップ〜ラスト：フィレンツェ産アイリス、グラース産ローズ、
ジャスミンサンバック、エジプト産アカシア、ムスク
容　量：100㎖

恋の炎が燃え上がる、神秘的なオーラ
「圧倒的な存在感」を放つ香り

恋人同士の、まるでゲームのような心躍る駆け引きを魅力として捉えインスピレーション源に。目に見えない磁力が働くように惹かれ合う、恋する2人の間に心地よい緊張感をもたらすフレグランス。

L

Symphony シンフォニー

調香師：ジャック・キャヴァリエ・ベルトリュード
発売年：2021年
タイプ：フレッシュ
トップ〜ラスト：グレープフルーツ、ベルガモット、ジンジャー
容　量：100㎖

天と地の融合、世界を形作る
エレメントが奏でる至高のハーモニー

天と地が溶け合ったかのような感覚。ベルガモットとグレープフルーツのカクテルに浮かべた新鮮なジンジャーゼストが持つスパイシーさ。持続する眩しさ。ムスキー、フルーティー、ベルベッティーなまろやかさが、軽やかな残響とぶつかり合う。

LUCIANO SOPRANI

ルチアーノ ソプラーニ

SOLO SOPRANI
Edt

ソロ オーデトワレ

発売年：1995年
タイプ：シトラス
トップ：レモン、オレンジ、ヴァイオレット、ベルガモット
ミドル：ナツメグ、ローズ、ジャスミン、ラベンダー、カルダモン
ラスト：オークモス、シダーウッド、アンバー、ムスク、トンカビーン
容　量：100㎖

シトラスが爽やかに香りたつ、ジェンダーレスのオーデトワレ

透明でナチュラル、爽やかに香り立つ解放感あふれる透き通った香り。トップノートのシトラスの旋律に続き、甘美なフローラルが歌い上げ、ラストでは温かな重奏感に包まれる。やわらかなスパイスが絶妙なるバランスで爽やかさの余韻を引き立たせる。

1946年北イタリアのレジェールに生まれたルチアーノ・ソプラーニは、若い頃からファッションに情熱を持ち、独学でデザインを学ぶ。マックスマーラ社でデザイナーとして活躍したのち、グッチ、ナザレーノ・ガブリエッリなどでデザイナーとして就任。1982年に独立。

SOLO
SOPRANI BLU
Edt

ソロ ブルー
オーデトワレ

発売年：1998年
タイプ：アロマティック フレッシュ フローラル
トップ：ベルガモット、ラベンダー、マンダリン、ミント
ミドル：ゼラニウム、ジャスミン、ジュニパー
ラスト：サンダルウッド、ウッド、アンバー、ムスク
容　量：100㎖

**深い夜空の色、
ブルーに包まれた存在感のあるボトル**

伝説の香り……カモメのジョナサンが運んできた香り、「ソロ ブルー」は、周りを包み込むソフトな印象でありながらも、深い夜空にも映える、シャープで官能的な一面を漂わせた、ジェンダーレスのアロマティック フレッシュ フローラル。

Maison Crivelli

メゾン クリヴェリ

まだ誰も体験したことのない香りを届けるために誕生したフレグランスブランド。ブランドの創始者、ティボー・クリヴェリが実体験として、香料と初めて出会ったときの驚きや感覚が投影されている。香り、色、音、テクスチャーのすべてを織り交ぜ、共鳴させることによって、刺激的でコントラストの効いたフレグランスを生み出している。

HIBISCUS MAHAJÁD
EXTRAIT DE PARFUM

イビスキュス マハジャ
エキストレド パルファム

調香師：クエンティン・ビスク
発売年：2023年
タイプ：フローラル、オリエンタル、フルーティ
主な香料：ダマスクローズ(ORPUR アブソリュート)、バニラ(ORPUR アブソリュート)、レザー、スペアミント(ORPUR エッセンシャルオイル)、カシス、アンブレット、シナモン(ORPUR エッセンシャルオイル)
容　量：50㎖

＊ORPUR®(オルピュール)：ジボダン社が誇る、最高級の天然原料を用いた香料。

実体験から生まれたフレグランス

ジェムストーンマーケットでハイビスカスティーを飲んだ体験から生まれた香りは、ハイビスカスやローズのフローラルファセットとレザーやバニラのまろやかな香りがコントラストを奏でる。

OUD MARACUJÁ
EXTRAIT DE PARFUM

ウード マラクージャ エキストレ ド パルファム

調香師：ジョルディ・フェルナンデス
発売年：2024年
タイプ：ウッディ
主な香料：パッションフルーツアコード、ウードアコード、
　　　　　ターキッシュローズ、レザー、バニラ
容　量：50㎖

「ウード」と出会った瞬間、
驚くほど強烈な衝撃を受けて創られた香り

ウードの森林の中でパッションフルーツの果実感を味わっ
たシーンからインスパイアされた香り。それはまるでウード
の豊かな森林の香りと、パッションフルーツのエキゾチック
なファセットから導かれる甘い蜜のよう。

M

ROSE
SALTIFOLIA
EAU DE PARFUM

ローズ サルティフォリア オードパルファム

調香師：ステファニー・バクーシュ
発売年：2023年
タイプ：フローラル、マリン
主な香料：ブラッドオレンジ、ピンクペッパーコーン、センティフォ
　　　　　リアローズ、シーウィード（海藻）、カシュメラン、ソルト
容　量：30㎖ / 100㎖

みずみずしいローズと潮風のハーモニー

海辺に咲いていたバラが、潮風とともに香ってきた体
験から生まれた香りは、岩塩で覆われた海藻と、みず
みずしいローズがコントラストを奏でる。

Maison Francis Kurkdjian

メゾン
フランシス
クルジャン

調香師のフランシス・クルジャンがマーク・チャヤと出会い、2009年にパリで創業。世界中で展開され、ラグジュアリーフレグランス界の重要な地位を確立してきた。香水をまとうという芸術に対する調香師のコンテンポラリーなビジョンが反映され、軽やかでフレッシュな香りから、芳醇で深みのあるものまで、五感に訴えかける香りのストーリーを表現している。

724 EAU DE PARFUM

724 オードパルファム

調香師 ： フランシス・クルジャン
発売年 ： 2022年
タイプ ： ムスキー フローラル
主な香料 ： アルデヒド、イタリア産ベルガモット、
　　　　　ホワイトフローラルアコード、
　　　　　エジプト産ジャスミンアブソリュート、
　　　　　サンダルウッド、ホワイトムスクアコード
容　量 ： 35㎖/70㎖

大都会のエネルギーを表現した香り

香りのテーマはどこまでも抽象的。さまざまなニュアンスを持ったホワイトが、エネルギッシュで流れるようなリズムと共に重なりあっている。心震わすエネルギー、街と一体化して脈動するような生命力の、ムスキーでフローラルな都会的フレグランス。

AQUA MEDIA
COLOGNE FORTE
EAU DE PARFUM

アクア メディア コローニュ フォルテ オードパルファム

調香師：フランシス・クルジャン
発売年：2023年
タイプ：アロマティック シトラス
主な香料：バーベナアコード、イタリア産ベルガモット、
　　　　　スイートフェンネル、ヘディオン、ウッディムスク
容　量：35㎖／70㎖

太陽の光と水が生み出す幻想的な虹の
中央に現れる色「グリーン」をイメージした香り

水と光をイメージさせるレインボープリズムの中間色である
グリーンをテーマカラーにした、生き生きとしたフレッシュ
な香り。スイートフェンネルのアクセントをしっかりと効か
せながら、明るいシトラスノートに仕上げたフレグランス。

BACCARAT
ROUGE 540
EXTRAIT DE PARFUM

バカラ ルージュ 540 エキストレ ドゥ パルファム

調香師：フランシス・クルジャン
発売年：2023年
タイプ：ウッディ アンバリー フローラル
主な香料：エジプト産グランディフォーラムジャスミン、サフラン、
　　　　　モロッコ産ビターアーモンド、シダーウッド、
　　　　　ウッディムスキーアコード、アンバーグリスノート
容　量：35㎖／70㎖

深紅に色づくバカラのクリスタルのように、
情熱と透明感を感じさせる鮮烈な香り

メゾンを代表する香りをさらなる高みへと昇華させた
エキストレ ドゥ パルファムは、ジャスミンやウッディ
ムスキーが、五感に響く錬金術の如く香り立つ。調香
師の長年にわたる経験から来る匠の技だからこそ成
しえたフレグランス。

Maison Margiela
Fragrances

メゾン マルジェラ
フレグランス

メゾン マルジェラは1988年、パリで設立。2014年、ジョン・ガリアーノがクリエイティブ・ディレクターに就任し、1994年にスタートした「レプリカ」カプセルコレクションは時代を超え、オリジナルを忠実に再現している。 2012 年、そのコンセプトを受けて「レプリカ」フレグランスが誕生。それぞれのシーンを再現した香りが人々の潜在意識に語りかけ、記憶やムードを呼び覚ます。

REPLICA From the Garden

レプリカ オードトワレ
フロム ザ ガーデン

発売年：2024年
タイプ：シトラスウッディー
トップ：グリーン マンダリン エッセンス、
　　　　グレープフルーツ エッセンス、シトラス アコード
ミドル：トマトリーフ アコード、ゼラニウム ハート エッセンス、
　　　　ローズ アコード
ラスト：パチョリ ハート エッセンス、クリスタル モス、
　　　　ホワイト ムスク
容　量：10㎖／30㎖／100㎖

大地と青々しいトマトリーフの香り

日差しが注ぐ菜園でガーデニングを楽しむ晴れた日の午後。大地を両手に感じながら、色とりどりに熟した果実を一つ一つ摘み取っていく。ミツバチの羽音と生い茂る緑葉の香りに癒される、穏やかなひと時を再現。

REPLICA
When the Rain Stops

レプリカ オードトワレ
ウェン ザ レイン ストップス

発売年：2022年
タイプ ：ウッディーアクアティック
トップ ：ベルガモットオイル、ベジタルアコード、ピンクペッパー
ミドル ：アクアティックアコード、ローズペタル、ジャスミン
ラスト ：パインニードルオイル、パチョリ、モスアコード
容 量 ：10㎖/30㎖/100㎖

降り止んだ雨と淡い陽光の香り

春の通り雨がピタリと止んだダブリン。雲のすき間から光が差し込み、時が止まったかのような静寂が空気を包む。草花を滴る雫と空を映す水たまりに暖かい日差しが反射する、雨上がりの余韻を再現。

M

REPLICA
Under the
Stars

レプリカ オードトワレ
アンダー ザ スターズ

発売年：2023年
タイプ ：ウッディーアンバー
トップ ：ピンクペッパー、ブラックペッパー、シナモン リーフ
ミドル ：フローラル ジャスミン アコード、シプリオル、
　　　　シダーウッド・バージニア
ラスト ：パチョリ、ベンゾインレジノイド、ラブダナム レジノイド、
　　　　ウード インフュージョン、レザー アコード
容 量 ：30㎖/100㎖

ウードの幻想と乾いたレザーの香り

満天の星の下で、暖かい風がそよぐナミビアの砂海。優しく囁いた声が、夜の闇と砂にゆっくりと溶け込んでいく。薪の燃えさしと揺らめく残り火の温もりに包まれる、神秘的な夜更けを再現。

Maison Matine

メゾン マティン

2019年、工業製品的な古いものづくりではなく、新時代の新たなフレグランスづくりの追求を目的として設立。ブランド名に使われている「MATINE」とは「反抗と朝」をかけ合わせた造語。既存の香水とは違う挑戦的な香水をラインナップに加えることで、今までになかった新しい朝、一日のはじまりを迎えてほしいとの願いが込められている。

AVANT L'ORAGE

アバン ロラージュ｜嵐の前

調香師：フィリピン・クーティエー
発売年：2019年
タイプ：ムスキー、スウィート
トップ：ピンクペッパー"感情"
ボディ：ジャスミンサンバック、ベンゾイン"喪失"
ベース：バニラ、サンダルウッド、トンカマメ、ムスク"矛盾"
容　量：15ml／50ml

あなただけのまだ見ぬ旅路に幸運を祈る香り

「エレクトリックで、スピリチュアル」、「不思議な浮遊体験」、「気持ちを強くする秘密のレバー」など、あなただけの新しいストーリーのはじまりに対して幸運を祈ってくれる香り。

WARNI WARNI

ワルニ ワルニ｜こっちにおいで

調香師：エリーズ・ベナ
発売年：2019年
タイプ：フローラル、ムスキー
トップ：ティー、カルダモン"共有"
ボディ：フリージア、オレンジフラワー"人々"
ベース：シダーウッド、クマリン、ムスク"遊び場"
容　量：15mℓ／50mℓ

お互いが不可分の存在であることを示す香り

シェアや多様性は当たり前の開かれた世界。自由に国際都市を飛び回るふたり旅をイメージした香り。水と空気のように、ないと生きることができないような不可欠な存在を表現。

ESPRIT DE CONTRADICTION

エスプリ ドゥ コントラディクション｜反駁の精神

調香師：クリスチャン・ヴァーモレル
発売年：2019年
タイプ：シトラス、ムスキー
トップ：イエローマンダリン、レモン、ブラックペッパー、コリアンダー"魂"
ボディ：ジンジャー、イランイラン、アイリス、クローブ"声"
ベース：ムスク、ベチバー、セージ、シダーウッド"信念"
容　量：15mℓ／50mℓ

己のアイデンティティを磨く妥協のない香り

「反駁の精神」というタイトル名がついたこの香水は、相手を論破することを目的とするものではなく、自分の思想と信念を愛して、自分の内側に目を向ける。己のアイデンティティを磨くために創られた香り。

M

ARASHI NO UMI

あらしのうみ

調香師：ベレニス・ワトー
発売年：2023年
タイプ：—
トップ：グリーンアップル、フリージア、ピーチ
ボディ：ジャスミン、ローズ（ダマスカス産）、イランイラン
ベース：シダーウッド（ヴァージニア産）、フィルサントール、ムスク
容　量：15mℓ／50mℓ

天に浮かぶ島のように、みずみずしくキラリと光る香り

空想の楽園、現代のアトランティス。海に囲まれている、神秘に満ちたユートピアの世界や、天に浮かぶ島をイメージした香水。キラリと光を感じるような、みずみずしい香り。

MCM

エムシーエム

1976年にドイツ・ミュンヘンで誕生。以来ドイツの文化的な歴史や伝統を受け継ぎながら最先端の技術による商品開発を追求してきた、ラグジュアリーライフスタイルブランド。2021年にはMCMのシグネチャーフレグランスが登場。MCMのバックパックをイメージしたボトルデザインが話題となる。音楽やアート、トラベル、テクノロジーなどをインスピレーションに、クラシックなデザインを新しい解釈で生まれ変わらせる独自のスタイルを貫いているブランド。

MCM
Edp

エムシーエム
オーデパルファム

調香師：クレモン・ギャバリー
発売年：2021年
タイプ：フローラル ウッディ
トップ：ラズベリー、アプリコット
ミドル：ホワイトピオニー、ジャスミンアブソリュート、
　　　　バイオレットリーフ
ラスト：ホワイトモス、バニラ、アンブロックス® スーパー、
　　　　サンダルウッド
容　量：10㎖／30㎖／50㎖／75㎖

伝統と最新が融合した革新的な香り

ラズベリーと手摘みにより収穫されたジャスミンの香りをクリーンなウッドとシアーなアンブロックス®スーパーの香りで洗練。伝統的な香りと最新のブレンド技術を融合させたスピリチュアルなフローラルウッディノートに仕上げている。

Ultra Edp

ウルトラ オーデパルファム

調香師：フランク・フォルクル
発売年：2022年
タイプ：ウッディ フローラル
トップ：ブラックカラント、ピンクペッパー、
　　　　ピンクレディーアップル、イタリアンベルガモット
ミドル：アプリコットネクター、チュベローズ、ジャスミン サンバック
ラスト：シダーウッド、ゴールデンアンバー、トンカビーン、モス
容　量：10㎖／30㎖／50㎖／75㎖

ルールや先入観にとらわれることを好まない
現代のMCMウーマンのために誕生

ブランドを象徴する「ベルリンゴールド」シリーズのバックパック
に着想を得た新作フレグランス。華やかなジャスミンとチュベ
ローズのフローラルな香りが、フゼア調のトンカビーンやモスな
どと奏でるコントラスト。MCMらしいフェミニンな香り。

Onyx Edp

オニキス オーデパルファム

調香師：クレモン・ギャバリー
発売年：2023年
タイプ：ウッディ フゼア
トップ：ジンジャー、ピンクペッパー、グレープフルーツ
ミドル：バイオレットリーフ、バジル、ラベンダー
ラスト：クリアウッド、ハイチ産ベチバー、トンカビーン
容　量：30㎖／50㎖／75㎖

現実とバーチャルの境界線を曖昧にする、
変幻自在の旅に誘う

ジンジャーとスパイスがエネルギーに満ちあふれ、アロマティック
なラベンダーが中心となって広がる。ラストではセンシュアルな
ウッディノートが、ミネラル調の香りとコントラストを奏で、きらめ
くような温かみのある余韻を演出する。

M

Crush Edp

クラッシュ オーデパルファム

調香師：フランク・フォルクル
発売年：2024年
タイプ：フローラル フルーティ
トップ：フローズンペアー、ピンクペッパー SFE、
　　　　ブラックカラント、アプリコットネクター
ミドル：マグノリア、ローズ ド メイアブソリュート、
　　　　ホワイトピオニー インフュージョン
ラスト：アップサイクル シダーウッド、カシミアウッド、
　　　　バージニアナチュラルズトゥゲザー™、アンブレット
容　量：30㎖／50㎖／75㎖

女性の友情から生まれる絆の強さに
インスパイアされた香り

弾けるようにイキイキとしたトップノートに続き、手摘みのローズ
ド メイなどのフローラルが豊かに香り立ち、官能的な甘さと、セ
ンシュアルな歪みを演出。最後はウッディな香りを中心としたシ
グネチャーブレンドが洗練された魅力的な印象を残す。

Mendittorosa

メンデットローザ

2013年、イタリアに設立。香りを通して魂に触れることを目的に、職人によって妥協することなく作られている。映画の製作に携わっていた創業者ステファニア・スクエリアの知性から生み出されるテーマは、占星術、夢、無意識、詩、歴史、心理学、時間や哲学など多岐にわたる。季節やジェンダーを意識せずに、自身の魂に触れるプロセスとしての香り選びを推奨する。

LE MAT

ル マット｜愚者

調香師：アン・ソフィー・ベヘゲル
発売年：2014年
タイプ：スパイシー
主な香料：ナツメグ、ブラックペッパー、クローブ、ゼラニウ
　　　　　ム（エジプト産）、ローズセンティフォリア（グラー
　　　　　ス産）、パチョリ（インドネシア産）、カシミヤウッド、
　　　　　イモーテル（スペイン産）
容　量：100㎖

今ここから新たな未来へ向けて
歩きはじめる

タロットの最も有名なアイコン、「未来と運命を予感させる0」を表すカードの名前を持つ香水。ここははじまりの地なのか、終着点なのか。自由奔放な放浪者をイメージした香り。

ORLO オルロ｜命のきわ

調香師：アン・ソフィー・ベヘゲル
発売年：2020年
タイプ：シトラス、スパイシー
トップ：ベルガモット、ビターオレンジ、バジル、マンダリン
ボディ：エレミ、ピンクペッパー、カルダモン、クミン、ラベンダー、
　　　　プチグレイン、ネロリ、イランイラン
ベース：サフラン、レザーノート、パピルスウッド、ラム、ウード、ヘイ
容　量：100㎖

いまにも壊れそうなほど
繊細な人のために創られた香り

20世紀最高の女性詩人とも評されるシルヴィア・プラスの詩「エッジ」をテーマに創られた香水。いまにも壊れそうなほど繊細な人のために、もがき苦しむ極限の中で見出した暗闇の中の、希望の光をイメージした香り。

TALENTO タレント｜才能

調香師：アメリ・ブルジョワ、カミーユ・シェマルディン
発売年：2019年
タイプ：フローラル、アロマティック
トップ：ミント、アルデヒドC12 MNA
ボディ：ローズ(CO2)、ローズ(Abs)、ゼラニウム
ベース：パチョリ(インドネシア産)、オークモス、シダーウッド
容　量：100㎖

ミントが包み込む花の香りは
人生を豊かにしてくれる才能

バラの花瓶にミントを落とすと、力強い青葉が花を優しく包み一体となる。大切にされれば花開き人生を豊かにしてくれるのが才能だと、思い起こさせてくれる香り。

SIRIO シリオ｜シリウス

調香師：アメリ・ブルジョワ
発売年：2018年
タイプ：フルーティ、フレッシュ
トップ：ルバーブ、アップル、ホワイトムスク
ボディ：ローズ、ピオニー、プラム
ベース：ガイアックウッド、カシュメラン、ウード、
　　　　バニラ、アンバーウッド
容　量：100㎖

神秘の楽園エデンの園。禁断の果実が香る

「どこから来て、どこへ行くのか」。それは地球から見える宇宙の中で最も明るい星シリウスだけが知っている、というテーマに創られた香水。神秘の楽園エデンの園で、禁断の果実が淫らに誘う香り。

Miller Harris

ミラー ハリス

2000年、調香師リン・ハリスによりロンドンに誕生。モダンブリティッシュの世界観を体現し新たな革新を遂げているメゾンフレグランス。厳選された植物由来の原料（ボタニカル）へのこだわりは、創業当初から決して変わることのないブランドの真髄。天然香料を贅沢に使用したフレグランスは人の肌をキャンバスに見立ててつくられ、肌になじみやすいような香りが特色。

Tea Tonique Edp

ティートニック
オーデパルファム

調香師　マチュー・ナルダン
フランス・グラース出身のマチューは、調香師の一家で育つ。化学の学士号を取得してからISIPCAに参加。Robertet香水の新世代の一員となる。

発売年：2015年
タイプ：アロマティック シトラス
トップ：イタリアン ベルガモット、プチグレン、レモン
ハート：スモーキー ティー、ナツメグ
ラスティングインプレッション：マテ アブソリュート、バーチ タール、ムスク
容　量：50㎖/100㎖

幾層にも重なり合う
ティーの心地よい香りが魅了する

周囲のものを圧倒することなく溶け込めるようなエネルギーを持っている香り。イタリアン ベルガモットとスモーキー バーチ タールの香りは、まるでイギリスの田舎町の家やロンドンのカフェで飲まれている香り高いティーのようなテイストを彷彿させる。

Hydra Figue Edp

イドラ フィグ オーデパルファム

調香師：エミリー・ブージュ
発売年：2023年
タイプ：シトラス マリン ウッディ
トップ：ベルガモット、グリークサフラン、カルダモン、
　　　　ジンジャー、レモン、ウーゾアコード
ハート：フィグ、チュベローズ、シーソルト、セージ、
　　　　マリンアコード、オシロイバナ
ラスティングインプレッション：アップサイクル オークウッド、
サンダルウッド、アンブロクサン、ベルベットムスク
容　量：50㎖／100㎖

エーゲ海のイドラ島が舞台の
田園詩を香りで表現

セドラとレモンのフレッシュなシトラスノートに、ギリシャ産サフランの絶妙なスパイシーさとウーゾのアコードを組み合わせたフレグランス。オークウッドは、使用済みのワイン樽から抽出されたアップサイクルのサステナブルな原料を使用。

La Feuille Edp

ラ フューイ オーデパルファム

調香師：リン・ハリス
発売年：2013年
タイプ：シプレ グリーン
トップ：カシス、レッドベリー、ブラックカラント、ガルバナム
ハート：グリーンアイビー、トマトリーフ、フィグ
ラスティングインプレッション：オークリーフ、
アーシーモス、エベリニル、シダーウッド
容　量：100㎖

春の新緑から秋の落葉まで、巡る季節を香りで表現

木漏れ日が差す緑の葉を始め驚くほど香り高いトマトに、熟したレッドベリーとジューシーなブラックカラントをブレンドしたユニークなフレグランス。自然を愛する創業者の思いにインスパイアされた、葉をモチーフにした香り。

Scherzo Edp

スケルツォ オーデパルファム

調香師：マチュー・ナルダン
発売年：2018年
タイプ：フローラル フルーツ スウィート
トップ：タンジェリン、ダヴァナ
ハート：オリバナム、ナルシス、ピットスポルム（トベラ）、ダークローズ
ラスティングインプレッション：パチョリ、バニラ、
ウードウッド、スウィートノート
容　量：50㎖／100㎖

小説『夜はやさし』の一説に想起
陰とコントラストを絶妙に表現

南仏の庭を歩いているシーンが描かれたフィッツジェラルドの小説『夜はやさし』の一節がインスピレーション源。南仏の庭でよく見られるピットスポルム（トベラ）と、文中に登場するローズを香料として選び、「スイートショップのウィンドウのシュガーフラワー」をイメージした甘い香り。

Miya Shinma

ミヤ シンマ パリ

PARIS

「自然に従い、芸術に従う」贅をつくした日本の香り。巡る季節、時を待って咲き誇る花、降り注ぐ太陽の光。自然の美しさと、そこから生まれた感情や思い出を主題として、香りの数々は作られている。天然香料が持つ本来の魅力を引き出すべく処方がなされ、最高級の素材を使った贅沢の極み。シンプルなテーマの中に、無限の芸術の可能性がたくされている。

KIRARI

きらり

星のごとく
きらり、星のごとく。
きらり、ひとみ輝く。
夜空を仰げば、
蘇るあの日の思い出。

調香師　**新間 美也**
静岡で生まれ育ち、京都で学生時代を過ごす。その後、パリに渡り、運命的に出逢った香水の世界に身を投じた。フランスと日本を往復する生活を続けながら、香りのオブジェやオーダーメイド香水などの制作、香りに関する執筆や講演をしている。

発売年 ： 2022年
タイプ ： ネロリの香り
トップ ： ネロリ、スイートオレンジ
ミドル ： フローラルノート、ネロリ
ラスト ： バニラ、ヘリオトロープ、ムスク
容　量 ： 55㎖

KOUZOME

コウゾメ

調香師：新間 美也
発売年：2020年
タイプ：スパイシー・ウッディ
トップ：ローズウッド、桃色の蓮の花
ミドル：ローズ、ナツメ、クローブ、プレシャスウッド
ラスト：ベンゾイン、バニラ、サンダルウッド、
　　　　ホワイトムスク
容　量：100㎖

**高貴な色、香染のように、
人の心の気高さは決して失われることはない**

鑑真が日本までの旅路で出会うナツメ、
日本に伝えた蓮の花やスパイスの香りを
素材に作り上げたフレグランス。

TSUBAKI

つばき

調香師：新間 美也
発売年：2015年
タイプ：魅惑的なグラマラス・シプレの香り
トップ：サフラン
ミドル：ツバキ、ジャスミン
ラスト：パチュリ、沈香、ムスク
容　量：55㎖

美と誘惑

甘くやさしいフローラルノートとウッディノートが織り
なす、モダン・シプレの香り。鍵となるのは、花つば
き、ジャスミン、パチュリ、そして沈香。真紅の花か
ら香り立つ、美と誘惑。

MONCLER

モンクレール

機能性と防寒性に優れたマウンテンウェアをつくりたいという思いから、アルプスの麓にある Monestier-de-Clermont（モネスティエ・ドゥ・クレルモン）で1952年に創業。イノベーションとファッションの最先端を行くアパレルブランドのパイオニアへと進化してきたブランド。2021年にモンクレール初のフレグランス"モンクレール プール ファム"と"モンクレール プール オム"を発売。固定観念にとらわれず、アイディアと知識の相乗効果を追求している。

MONCLER
POUR FEMME
EDP

モンクレール プールファム
オードパルファム

調香師：クエンティン・ビスク、ニスリン・グリリー
発売年：2021年
タイプ：フローラル、ウッディ、ムスキー
トップ：パウダリースノーアコード、ベルガモット
ミドル：ヘリオトロープ、ジャスミン
ラスト：バニラ、マウンテンウッズアコード
容　量：60㎖／100㎖／150㎖

ボトルデザインは、伝統と実用的なスタイルを連想させる

フローラルでウッディ、ムスキー。新雪の美しさを思わせるユニークな「パウダリー・スノー・アコード」のすがすがしい香りから始まる。ラグジュアリーなドライダウンでは、ナチュラルなヴァニリンがフェミニンな魅力を放ち、快い余韻が夜まで続く。

MONCLER
POUR HOMME

モンクレール プールオム
オードパルファム

調香師：アントワーヌ・メゾンデュ、クリストフ・レイナード
発売年：2021年
タイプ：ウッディ、アロマティック
トップ：アルパイングリーンアコード
ミドル：シダーウッド、サイプレス
ラスト：マウンテンウッドアコード、ベチバー
容　量：60㎖/100㎖/150㎖

シダーウッドとベチバーが混じり合い、素朴なドライダウンが包み込むように広がる

ウッディでアロマティックなフレグランス。イメージしたのは、生命力あふれる自然な美しさをたたえたアルプスの森。アルパイングリーンアコードから始まり、そこにさわやかなクラリセージが加わって、山中の広大な松林を思わせる香りが際立つ。

MONCLER
LE BOIS GLACE
EAU DE PARFUM

モンクレール ル ボワ グラッセ オードパルファム

調香師：ファブリス・ベルグラン
発売年：2023年
タイプ：ウッディ、スパイシー
主な香料：ハイチ産ベチバー、カラブリア産ベルガモット、
　　　　　ピンクペッパー
容　量：100㎖

スパイスを効かせたベチバーのそよ風「氷の下の炎」を大胆な香りの解釈によって表現

カラブリア産ベルガモットの爽やかで大胆な香りを加えて、ハイチ産ベチバーのスモーキーで繊細な香りに現代風のひねりを加えた。冷たい空気と大地のエネルギーを感じさせる香り。

MOSCHINO

モスキーノ

常にファンタジーを追い求め、ユニークな世界を繰り広げるモスキーノスタイル。フランコ・モスキーノはファンタジーや風変わりなもの、個性的なものを愛したデザイナーとしても有名。イタリアのブランドならではのカラフルでポップなコレクションを毎回展開する、日本でも大人気のブランドのひとつ。テディベアボトルが印象的な香水が揃う。

Moschino
Toy 2
Edp

モスキーノ・トイ2
オーデパルファム

調香師 ： アルベルト・モリヤス、ファブリス・ベルグラン
発売年 ： 2018年
タイプ ： フローラル ウッディ ムスク
トップ ： マンダリンオレンジ、グラニースミスアップル、マグノリア
ミドル ： ジャスミンペタル、ピオニー、ホワイトカラント
ラスト ： アンバーウッド、サンダルウッド、ムスク
容　量 ： 30㎖ / 50㎖ / 100㎖

フロストガラスのテディベアに閉じ込めたフルーツとフローラルの競演

弾けるようなマンダリンオレンジとグラニースミスアップルが、マグノリアと混じり合い、フレッシュで喜びあふれる香りに。ジャスミンペタルはピオニーとホワイトカラントでより深められ、やがてウッドとムスクに包まれながらきらめきのラストを迎える。

Moschino
Toy 2 Pearl Edp

モスキーノ・トイ2パール
オーデパルファム

調香師：ドミティーユ・ミシャロン・ベルティエ
発売年：2023年
タイプ：シトラス ウッディ ムスキー
トップ：レモンハート LMR、レモンソルベ、オレガノ
ミドル：ハイドロボニック ジャスミン リヴィング、
　　　　サンドリヴィング、フリージア
ラスト：ベチバーエッセンス、
　　　　サイプレス アルティメイト アップサイクル LMR、ムスク
容　量：30㎖ /50㎖ /100㎖

南国の海を感じる爽やかな香り
レインボーカラーのテディベアが楽園へと誘う

みずみずしいジャスミンと弾けるように爽快なソル
ティレモンがきらめくようなハーモニーを奏でるジェ
ンダーレスフレグランス。海底とタヒチのマザーオブ
パールからインスパイアされた、ダークで優美な、幻
想的な雰囲気のボトルに魅せられる。

M

Moschino Toy 2
Bubble gum Edt

モスキーノ・トイ2
バブルガム オーデトワレ

調香師：オリヴィエ・ベシュー
発売年：2021年
タイプ：フローラル フルーティ オリエンタル
トップ：レモンエッセンス、キャンディ シトラス フルーツ、
　　　　オレンジエッセンス
ミドル：バブルガムアコード、ブラックカラント、シナモン、
　　　　ブルガリアンローズエッセンス、ジンジャーパウダー、
　　　　ピーチフラワー、ヴァイン ピーチ
ラスト：シダーウッド エッセンス、
　　　　アンブロフィックス、シルキームスク
容　量：30㎖ /50㎖ /100㎖

ピンクボトルの楽しさと
バブルガムの甘さに心惹かれる香り

ピンクのボトルがポップな雰囲気。陽気なバブル
ガムの香りに刺激されたエッセンスは、甘くスパイ
シーで情熱的。キャンディ シトラスが、ジューシー
なピーチやスパイス類とともに現れ、エレガントな
ウッドとムスクのカクテルに飛び込むよう。

MOTH and RABBIT

モスアンドラビット

2016年、ベルリンで設立された、実験的なアプローチを持つ高級ニッチ香水ブランド。多感覚的なアプローチを通じて、時代を超越した製品と無限のストーリーを創造し、世界中の人々を刺激し、結びつける。最高品質の素材を使用し、ミニマルなデザインと贅沢で反逆的な香水を創作し、現在世界15カ国で販売されている。

MOOD INDIGO

ムードインディゴ

調香師：マーク・バクストン
発売年：2016年
タイプ：オリエンタルウッディ
トップ：レッドペッパー、ローマンカモミール
ミドル：ゼラニウム、睡蓮、ムスク
ラスト：サンダルウッド、インセンス、アンバー、シダーウッド、パチョリ
容　量：12㎖/50㎖

インセンスの香りが
ジャズミュージックを感じさせる

陽気で明るく始まり、徐々にとても暗くなっていく。ダークなウッディノートを基調とし、ジャズミュージックのイメージがあるインセンスの香りをふんだんに使用。

LOVE EXPOSURE

ラブ エクスポージャー

調香師：マーク・バクストン
発売年：2016年
タイプ：ムスキー、パウダリー
トップ：イランイラン、マグノリアフラワー、ネロリオイル、カシス
ミドル：ベイオイル、クミンオイル、コスタス、ジャスミンサンバック
ラスト：お香、ムスク、サンダルウッド、アンバーグリス、バニラ
容　量：12㎖／50㎖

欲望、清潔感、しかし変態的な
アニマルノートが香りを貫いていく

デリケートな花の香り、どこか無邪気、でも強い。コスタス、インドール、クミン、アンバーグリスが放つ暴力的な香り。そこへブチューオイル、ベイオイル、メタリックノートのセクシーな香りが重なる官能的なフレグランス。

LA HAINE ラ エーヌ

調香師：マーク・バクストン
発売年：2017年
タイプ：アニマル、レザー
トップ：アルデヒド、ブチューサルファー、血液の香り、ラム酒
ミドル：ベイオイル、ナツメグ、カルダモン、レザー、シダー、
　　　　バーチタール、焦げたゴムの香り
ラスト：シダーアトラス、ムスク、モス
容　量：12㎖／50㎖

穏やかでありながらも、対立的な香り

冷たい杉の香りが道端のコンクリートを想像させ、バーチタールとレザー、そしてベイオイルの組み合わせが後からやってくる。シダーウッドアトラス、ムスク、そしてモスの香りが、寒く湿った地下室を彷彿とさせる。

SINGLE MAN シングルマン

調香師：マーク・バクストン
発売年：2018年
タイプ：ハーバル、ウッディ
トップ：カルダモン、ジンジャーオイル、レッドペッパー、レモンオイル
ミドル：ナツメグ、ローズ、エレミオイル、ヴァイオレットウッド、カシミアウッド
ラスト：オークモス、アンバー、パチョリ、マホガニー、シダーウッド
容　量：12㎖／50㎖

無感覚、日常のルーティン、悲しみ、
そしていつもと異なる感覚で目覚めてしまう朝

ヴァイオレットウッドやローズウッドなど、さまざまなウッディノートを基調とした香り。社会は、ただ悲しむことを許してはくれない。喪失の重みに耐えるために人格を変えようと努力する、そんな男をイメージしたフレグランス。

narciso rodriguez

ナルシソ ロドリゲス

ナルシソ・ロドリゲス

ファッションデザイナーとしてクワイエットラグジュアリーの先駆者であるナルシソ・ロドリゲスが2003年にパルファムを立ち上げる。ムスクをハートノートにした香りのヒット作を次々と生み出している。

デザイナーであるナルシソ・ロドリゲスが自身の名を冠したブランドを1998年に設立。「香りによって多種多様な感情が引き出される。同じように、香りによってさまざまなセクシーさを表現することができる」をテーマにセクシーさとエレガンスさが際立つ香水を数多く生み出している。

FOR HER
PURE MUSC
EAU DE PARFUM

ナルシソ ロドリゲス フォーハー ピュア ムスク
オードパルファム

調香師：ソニア・コンスタン
発売年：2019年
タイプ：シプレームスキー
トップ：オレンジブロッサム、ジャスミン
ミドル：ムスク
ラスト：カシュメラン、アンバー、パチュリ
容　量：30ml／50ml／100ml

ムスクは誘惑のようなもの。
その力は、理性的なのに情緒的

ただ圧倒するのではなく、そこはかとなく情緒を感じさせる香り。ホワイトフローラルの眩いほどのブーケから、ピュアなムスクが虜になるほどに香り立ち、ラストにベルベットのような温かみのあるカシュメランが訪れる。

FOR HER MUSC NUDE
EAU DE PARFUM

ナルシソ ロドリゲス フォーハー
ムスクヌード オードパルファム

調香師 ： ソニア・コンスタン
発売年 ： 2024年
タイプ ： フローラルムスキー
トップ ： オレンジブロッサム、ホワイトジャスミン
ミドル ： ムスク
ラスト ： インドネシアンパチョリ、トンカビーンアブソリュート
容　量 ： 30㎖ /50㎖ /100㎖

クラシックなシプレーの枠組みを中心に構成された肌を温かく包み込む魅惑的なブレンド

身につける人特有の香りを引き立て、第二の肌のように心地よく身体を包み込むエレガントなフレグランス。アイコニックなフォーハーのムスクのハートに繊細な花びらと温かみのあるソーラーファセットを加え、肌の触覚的な官能性を表現。

FOR HER MUSC NOIR
EAU DE PARFUM

ナルシソ ロドリゲス フォーハー
ムスクノアール オードパルファム

調香師 ： ソニア・コンスタン
発売年 ： 2021年
タイプ ： フロリエンタルムスキー
トップ ： プラム
ミドル ： ヘリオトロープ、ムスク
ラスト ： レザースエードアコード
容　量 ： 30㎖ /50㎖ /100㎖

女性の内面の美しさや、持って生まれた官能性の力強い神秘を称賛するフレグランス

ムスクを追求することで、魅力的で謎いた部分を持つ現代女性を、卓越したフレグランスで表現。象徴的なムスクの、よりダークで濃厚な面を開拓することで、オリジナルの「フォーハー」の人を虜にする魅力をさらに引き出している。

FOR HER MUSC NOIR ROSE
EAU DE PARFUM

ナルシソ ロドリゲス フォーハー
ムスクノアール ローズ オードパルファム

調香師 ： ソニア・コンスタン
発売年 ： 2022年
タイプ ： フローラルアンバー
トップ ： ベルガモット
ミドル ： チュベローズ、ムスク
ラスト ： バニラ
容　量 ： 30㎖ /50㎖ /100㎖

フレッシュで輝かしい香りの始まりとは対照的に、ベースは癖になるオリエンタルなバニラ

ダークさを抑えた、より官能的なアンバーフローラル。新たに濃密なチュベローズのブーケを咲かせ、その太陽のように輝かしいクリーミーなファセットが、ムスクのハートノートやほのかなプラムと融合して深みを作り出している。

Nasomatto

ナーゾマット

調香師アレッサンドロ・グアルティエーリによる、オランダ・アムステルダム発のフレグランスブランド。調香師としての安定したキャリアを捨て、ひとりの総合芸術家として、自身のオリジナルの哲学を体現した、大胆で過激なコンセプトの香水を発露させるべく独立した。刺激的なコンセプトと、香りのノートを一切公開しないミステリアスなブランド。

BLACK AFGANO

ブラックアフガノ｜吸う吐く至福

調香師：アレッサンドロ・グアルティエーリ
発売年：2009年
容　量：30㎖

世界最高品質のハシシを再現した香り

極上の香りを吸って吐き出せば、つかの間の至福のひとときへ。6年もの歳月をかけて世界最高品質のハシシを再現。恍惚感を与えてくれる、特別なフレグランス。

BLAMAGE

ブラマージュ｜失敗

調香師：アレッサンドロ・グアルティエーリ
発売年：2014年
容　量：30㎖

すべての失敗は進歩の扉への鍵

失敗は成功のもと。偉大な発明やアートは過ちによって生み出されたことが多いように、「すべての失敗は進歩の扉への鍵である」という意味を持つ香水。

FANTOMAS

ファントマス｜怪盗ファントマス

調香師：アレッサンドロ・グアルティエーリ
発売年：2020年
容　量：30㎖

ダークヒーローをイメージした香り

覆面怪盗ファントマス。彼は犯罪の天才。「怪人」、「魔人」といった異名を持ち、「恐怖の支配者」、「犯罪王」、「捕まえられぬ者」などとも呼ばれる。変幻自在で正体不明の悪名高きトリックスターをイメージした香り。

BARAONDA

バラオンダ

調香師：アレッサンドロ・グアルティエーリ
発売年：2016年
容　量：30㎖

ホットでアロマティック
官能的なハリケーン

香水瓶に詰められた極上のシングルモルトウイスキーのような香り。ホットなアロマティックノートに木樽の香りが厚みを加え、フルーティーな余韻に酔いしれる。官能的なハリケーンのような香水。

Nishane

ニシャネ

2012年に創立された、トルコ共和国の最大都市イスタンブール発のブランド。ブランドのモットーは、ペルシャ語文学史上最大の神秘主義詩人ジャラール・ウッディーン・ルーミーの言葉で「自分の神話を広げよう」。誰かの物語を生きるのではなくて、自分自身のストーリーを紡いでいこうというポジティブで力強いメッセージが込められている。

WŪLÓNG CHÁ

ウーロンチャ｜烏龍茶

調香師：ジョージ・リー
発売年：2015年
タイプ：シトラス、スパイシー
トップ：ベルガモット、オレンジ、アオモジ、マンダリン
ボディ：ウーロン茶、ナツメグ
ベース：ムスク、フィグ
容　量：15㎖／50㎖

柑橘類とムスクが弾ける、異国情緒な香り

シルクロードを通ってトルコに献上された中国産の烏龍茶。注いだ瞬間、ベルガモットやオレンジ、マンダリンなどの柑橘類が弾け、ムスクとフィグがのどごしの余韻に深みと艶を与える異国情緒な香り。

HUNDRED SILENT WAYS

ハンドレッド サイレント ウェイズ｜静かな100の方法で

調香師：―
発売年：2016年
タイプ：フローラル、スウィート
トップ：チュベローズ、マンダリン、ピーチ
ボディ：ホワイトジャスミン、ガーデニア、アイリス
ベース：バニラ、サンダルウッド、ベチバー
容　量：50㎖/100㎖

愛の象徴。美しい魂の香り

13世紀の詩人ルーミーの言葉「私は口を閉じて、静かな100の方法であなたに話しかけた」。言葉以上に雄弁な視線と仕草が語る愛。地上にある美しい魂と魂が呼応する瞬間への賛美をイメージした香り。

B-612　ビーロクイチニ｜小惑星B612

調香師：クリス・モーリス
発売年：2018年
タイプ：ウッディ、アロマティック
トップ：ラベンダー、ゼラニウム、サイプレス
ボディ：カシュメランウッド、シダーウッド、
　　　　サンダルウッド、パチョリ
ベース：ムスク、オークモス、トンカマメ
容　量：50㎖

世界の謎や美しさへの
みずみずしい感受性を香りに託す

大人になったときに失われる、世界の謎や美しさへのみずみずしい感受性と素直な心。子供の頃に誰もが持っていたそんな大切な感覚を呼び覚ませてくれる香り。

ANI　アニ｜アニ遺跡

調香師：セシール・ゼロキアン
発売年：2019年
タイプ：スパイシー、スウィート
トップ：ベルガモット、グリーンノート、ブルージンジャー、ピンクペッパー
ボディ：ブラックカラント、トルコローズ、カルダモン
ベース：パチョリ、シダーウッド、バニラ、ベンゾイン、
　　　　アンバーグリス、ムスク、サンダルウッド
容　量：50㎖

帝国の文化的、歴史的な背景
独自のカルチャーを表現した香り

シルクロードの重要な交易都市として栄えるも、多くの国に征服され、やがて打ち捨てられた古代都市アニ。荒廃する教会と城壁を吹き抜ける風をイメージした香り。

NOBILE 1942

ノービレ1942

クラフツマンシップにもとづく香り。1942年、ウンベルト・ノービレがローマで香水ビジネスを始めたのがノービレ1942の始まり。その後ファミリーである、マッシモとパトリツィオが情熱を受け継ぎ、世界に誇れるメイド・イン・イタリーの魂を胸に、最高品質のフレグランスへのこだわりを持ち続けている。

Café Chantant

カフェ・シャンタン

発売年 ： 2013年
タイプ ： グルマン、プードル
トップ ： ブラックチェリー、ローレル、アニス
ミドル ： ヘリオトロープフラワー、アルティア、イリス
ラスト ： ベンゾイン、パチュリ、バニラ、ムスク
容 量 ： 75㎖

センシュアルなバニラ、パウダリーなミドルノートがカフェの雰囲気をリアルに感じさせてくれる

インスピレーションは19世紀のベル・エポックの黄金期。「シャンタン」とはその頃のカフェの魅力的な歌手のこと。陽気な話題、高らかな笑い声、美しい女性が纏う、シプレの香りは紳士のタバコの香りとブレンドされている。

Sentiero degli Déi

センティエロ・デリ・デイ

発売年：2018年
タイプ：シトラス、フローラル
トップ：レモン、フルーティーブーケ、グリーンの葉
ミドル：ジャスミン、ローズ、イリス、オレンジブロッサム
ラスト：ウッディーアコード、アンバー、ムスク、トンカビーン
容　量：75㎖

爽やかで心地よい、
上品なフレグランス

スカイラインが広がる有名なアマルフィの海岸線、
地中海のもっとも美しいハイキングコースの小道。
センティエロ・デリ・デイ（神の道）と名付けられた
この小道は、歴史上の人物も創作の源にしたとい
う。爽やかなレモンに上品なローズブーケが香る。

Perdizione

ペルディジオーネ

発売年：2016年
タイプ：フローラル、ウッディ
トップ：ベルガモット、グレープフルーツ、
　　　　イタリアンラベンダー
ミドル：イランイラン、ローズ、オレンジブロッサム、
　　　　ネロリ、プチグレン金木犀
ラスト：シダーウッド、バニラ、ムスク
容　量：75㎖

安らぎの香り
フローラルでウッディなフレグランス

嵐の前のわずかな静寂。冷たくやわらかな風が
柑橘系の花や実の香りを運んでくる。バニラの
あたたかな甘さは子供の頃の夏の記憶を呼び起
こし、心に安らぎを与えてくれる。

NONFICTION

ノンフィクション

自分の素の姿と向き合うために誕生したライフスタイルビューティーブランド。厳選した原料と、繊細な調香をベースに独特なムードを作り出す香水や、一日の始まりと終わりをより丁寧なものにするボディケア製品を展開。香りを媒介として内面の力を表現する製品は、自らに集中し、内面の声に耳を傾ける日の儀式をより深く内密な時間にしてくれる。

GAIAC FLOWER
Eau de Parfum

ガイアックフラワー
オードパルファム

調香師 : ファブリス・ペルグラン
発売年 : 2019年
タイプ : オリエンタルフローラル
トップ : ベルガモット
ミドル : ワイルドローズ
ベース : オリエンタルアンバー、バニラ、パチュリ、
　　　　 ガイアックウッド
容 量 : 30㎖/100㎖

ときめきと安らぎ、センシュアルでありながら純粋な一面を持つ香り

スモーキーな香りの木々の中に咲いた一輪の野生の花。ガイアックフラワーは純粋から官能に進化する美しさを描く。官能的なアンバーとムスクの調和に染まっていく間、スモーキーでオリエンタルなガイアックの香りが周囲をしっかりと包み込む。

フォーレスト
オードパルファム

FOR REST
Eau de Parfum

調香師 ：バーナベ・フィリオン
発売年 ：2021年
タイプ ：アロマティックウッディ
トップ ：ライム、ユズ、ブラックペッパー
ミドル ：ターキッシュローズ、ナツメグ、インセンス
ベース ：ヒノキ、カシミヤウッド、ムスク
容 量 ：30㎖/100㎖

**繊細に表現されたウッディムスクをベースに
心地よさとミステリーが共存する森の香り**

ミネラルとヒノキ、インセンスの香りが調和するウッ
ディアコードに柚子エードの清涼感が吹き抜け、ナツ
メグとブラックペッパーのスパイシーなタッチで仕上
がるモダンなムードをかもし出す香り。

NEROLI DREAM
Eau de Parfum

ネロリドリーム
オードパルファム

調香師 ：ジュリエット・カラグーゾグー
発売年 ：2023年
タイプ ：シトラスフローラル
トップ ：LMRベルガモット　LMRネロリ、LMRライム
ミドル ：LMRオレンジブロッサムABS、
　　　　 ミュゲアコード、LMRローズ
ベース ：アンバー、ムスク
容 量 ：30㎖/100㎖

**真っ白なオレンジの花が
咲く瞬間のように、春の余韻を感じる
新しい季節の気まぐれな空気**

肌の上にそそぐ日差しと、ときめきの光と警
戒心の間を行き来する繊細な気持ちの残
像。ネロリの綺麗さとスズランの透明感が
新しい季節の始まりを知らせ、やわらかい
ムスクが咲き、穏やかな余韻を添える香り。

N

NEAL'S YARD REMEDIES

ニールズヤード レメディーズ

英国発のオーガニックコスメブランド。アロマを中心に、ボディケアアイテムやスキンケア
アイテムまで揃い、どれもナチュラルなアロマの香りが楽しめる。ニールズヤードでは自然
療法にもとづき、植物のみずみずしい香りと力強さで、肌・心・体をホリスティックにケア
する製品を提案している。

Eau de Parfum
Frankincense

オードパルファン
フランキンセンス

トップ：ライム、ネロリ、ベルガモット、ピンクペッパー
ミドル：フランキンセンス、ラベンダー、スパニッシュマジョラム
ラスト：パチュリ、ベチバー、ミルラ、コパイバ
容　量：50㎖

貴重な砂漠の真珠フランキンセンス
心を穏やかに満たす深い香り

天然100％エッセンシャルオイルならではの、ナチュ
ラルで美しい香りのフレグランス。最初は爽やかな
柑橘系の香り。後から深呼吸を誘うようなフランキン
センスとマジョラム、ゆったりとした落ち着きのあるミ
ルラやベチバーが時間とともに深く香る。

N organic

「ありのままでいたいから、ありのままに手をかける」というコンセプトのもと、2017年に誕生したビューティ&マインドケアブランド。5周年を記念して2022年に誕生したのが、日常のアクセントになる瞬間を閉じ込めた「フレグランス」。どんなシーンにも合うナチュラルな香りと、気分によって使い分けができる3種類の展開で、「毎日」に寄り添った香りを展開している。

N organic HOME Fragrance エヌオーガニック ホーム フレグランス

時間帯によって使い分けできるナチュラルで優しい香り

「フレグランス」は、日常のアクセントになる瞬間を閉じ込めた、毎日使いできる優しい香りの香水。「N organicの香りを持ち歩きたい」の声に応え、その日、その瞬間の気分に合わせてそっと纏えるような「朝」、「午後」、「就寝前」をイメージした3種類の香りを展開している。

N

🕗 AM8:00 Morning Citrus
モーニング シトラス

「窓からふり注ぐ朝日とそよ風に包まれて」爽快感が広がる香り

発売年 ： 2022年
タイプ ： シトラス
トップ ： オレンジ、レモン
ミドル ： ゼラニウム、ブラックティー
ラスト ： アンバー、シダーウッド
容 量 ： 30㎖

🕒 PM3:00 Afternoon Jasmine
アフタヌーン ジャスミン

「午後のやさしい日差しに誘われて」多幸感が得られる香り

発売年 ： 2022年
タイプ ： ナチュラルフローラル
トップ ： グリーンリーフ、ネロリ
ミドル ： チュベローズ、フリージア、ピオニー
ラスト ： サンダルウッド、ムスク
容 量 ： 30㎖

🕚 PM11:00 Sleepy Wood
スリーピー ウッド

「雨音とベッドライトが灯る就寝前」安心感に包まれる香り

発売年 ： 2022年
タイプ ： ウッディハーバル
トップ ： ラベンダー
ミドル ： ゼラニウム
ラスト ： シダーウッド、サンダルウッド、パチュリ
容 量 ： 30㎖

※身体のどの箇所にもご使用できるよう、サトウキビ由来の肌に優しいエタノールを使用。

OBVIOUS

オブヴィアス

2020年秋、数々の名だたるブランドの立ち上げに携わってきたディレクターのダヴィッド・フロサールによって、自身の理念と信念を象徴するブランドとして誕生したオブヴィアス。彼が目指したのは「白いTシャツのような香水」。香りがすべてを覆ってしまうのではなく、その人の真のシグネチャーとなる、肌に馴染むパルファン。

UN MUSC

アンムスク

調香師　アンヌ＝ソフィー・ベハーゲル
2013年よりアメリー・ブルジョワと共にFLAIRを設立。天然香料よりも合成香料を積極的に用い、自然なものにモダンで前衛的なフィルターをかけた調香を得意とする。

発売年：2020年
タイプ：ムスキー、フローラル
トップ：イタリア産ベルガモットエッセンス、マダガスカル産ジンジャーエッセンス
ミドル：インド産アミリスエッセンス、ハイチ産ヴェチバーエッセンス、
　　　　イラン産ガルバナムエッセンス
ラスト：グロバリド、ヘルベトリド、アンブレットリド、ムセノン
容　量：100㎖

ふんわりと肌を撫でる感触
シンプルな中に漂うエレガンス

肌の上で現れるやわらかさ。リネンとコットンの花が羽布団のように包み込む安らぎの香り。ジンジャー、ベルガモット、ヴェチバーのノートが、透き通った繭のような、そしてクリーンなホワイトムスクにフレッシュさとオリジナリティをもたらしている。

UN BOIS　アンボワ

調香師　アメリー・ブルジョワ

2013年よりアンヌ＝ソフィー・ベハーゲルと共に FLAIR を設立。自然に囲まれて育った幼少期の経験から、自然界のリアルな香りに基づく洗練されたフレグランスを生み出している。

発売年：2020年
タイプ：フレッシュ、ウッディ
トップ：イタリア産ベルガモット、アジア産ブラックペッパーエッセンス
ミドル：アンブロキサン、ヴァージニアシダーウッドエッセンス
ラスト：インド産パピルスウッド、マレーシア産ガージャンバウムエッセンス、ハイチ産ヴェチバーエッセンス
容　量：100㎖

爽やかな木々の香りとエレクトリックな感覚はギターの音色が空気中に漂っているかのよう

フレッシュでクール、ドライなフレグランス。アンブロキサンによるモダンなウッディノートと、個性的で力強い印象を残すサンダルウッドとシダーウッドの掛け合いはフェンダーやギブソンのギターをかき鳴らしたときのような振動を彷彿とさせる。

UNE PISTACHE　ユヌ ピスターシュ

調香師：ファニー・バル
発売年：2023年
タイプ：ウッディ、スウィート
トップ：チュニジア産ネロリオイル(LMR)、カルダモンオイル(LMR)、キャロットハート(LMR)
ミドル：ピスタチオミルク、ヘリオトロープ、オリバナムオイル
ラスト：サンダルウッドアルバムオイル、カシュメラン、ムスク
容　量：100㎖

甘美さ、微かな苦味、ドライなニュアンス……まるでトリポリの街角から現れ出てきたかのようなピスタチオ

レバノン料理にまつわる逸話から生まれた香り。オレンジの花とアーモンドのまろやかさ、ピスタチオのサクサクとした食感。なめらかでクリーミー、典雅で香り高いデザートに着想を得た、濃厚でめまいがするようなピスタチオの香り。

SCOVILLE　スコヴィル

調香師：パトリス・ルヴィヤード
発売年：2024年
タイプ：ウッディ、スパイシー
トップ：レッドチリペッパー、カホクザンショウエッセンス、ブラックペッパーエッセンス
ミドル：ピリピリアムールエッセンス
ラスト：ウッディノート、バニラ、ムスク
容　量：100㎖

喜びの値を高め、炎に類を染める……それがスコヴィル

クールな唐辛子のダイナミックなトップノートと、その後すぐに熱帯アマゾンのシピボ族に代々伝わるピリピリアムールが力強くミドルノートを支える。最後、媚薬に駆り立てられた気持ちを緩和してくれるのは、ウッディノートとバニラの余韻。

Olibanum.

オリバナム

創設者
ジェラルド・ギスラン

オリバナムとは、ボスウェリア・サクラの木から採れる千年の歴史を持つ貴重な樹脂、フランキンセンスのラテン語名。各香水はオリバナム＋1つの原料というように意図的にシンプルに構成され、すべての香りにオリバナムエクストレCO2の原料が使用されている。環境への影響を最小限に抑えることにも注力している。また、レイヤリングによって自由に香りを重ねて楽しむことができる。

Ambrette

アンブレット（Am）

調香師：ルカ・マフェイ
発売年：2022年
違いを生むディテール：アーモンドの香りが、
オリバナムの樹脂のようなタッチを和らげる
レイヤリング：Am+Os または Am+Yu
Ambrette のムスキーなファセットで Osmanthus に
ボリュームを与え、アーモンドベースで Yuzu の角を和らげる
容　量：12㎖/50㎖

「植物性ムスク」
まさにその香りが高揚感と光沢を与える
オリバナムとともに肌の上で溶け合うアンブレットのムスクのような官能的な香り。アーモンドとバニラのアクセントが効いた雲のようにやわらかな植物性ムスク。

Maté オスマテ(Mt)

調香師：フロリー・タンケレル
発売年：2022年
違いを生むディテール：ハーブのようなマテを目覚めさせ
モダンに仕上げる超爽快なスペアミント
レイヤリング：Mt+Vr または Mt+Cr
Maté のミントのようなヘッドノートを使って Vétiver を引き締め、
Cuir végétal にアクアティックなフレッシュさを加える
容　量：12㎖/50㎖

香水として使われるようになったのはごく最近、
干し草や紅茶と並んでハーブの香りに分類

マテは、トゥピ・グアラニ語族ネイティブアメリカンの伝統的な飲み
物で、イェルバ マテの葉から作られ、通常は食用、薬用として飲ま
れ「神々のお茶」とも呼ばれている。香水はアクアティックミントとグ
リーンイチジクアコードのタッチでスタートする香り。

Osmanthus オスマンサス(Os)

調香師：ルカ・マフェイ
発売年：2022年
違いを生むディテール：フルーティーで
ベルベットのような質感のピーチノート
レイヤリング：Os+Tu または Os+Gg
Tubéreuse に少し優しさを与えるには Osmanthus のピーチの側面を使い、
Gingembre を少し後退させるには Osmanthus の少し酸味のある側面を使う
容　量：12㎖/50㎖

優しく穏やかなキンモクセイ
繊細でフルーティーな花の雲

オスマンサスは主に中国原産の樹木の花。そのアブソ
リュートは独特のフローラルでアプリコットのような香りがす
る。そのジューシーでフルーティーな面を、過度にベルベッ
トのようなコンポジションで引き出している。

O

Sacra サクラ(Sa)

調香師：シルヴィ・ジュルデ
発売年：2022年
違いを生むディテール：バルサムファーの樹脂の
フルーティな香りがモダンさをもたらす
レイヤリング：Sa+++
Sacra はすべての Olibanum. フレグランスと組み合わせることができ、
レジンとオリバナムのノートを引き出す
容　量：12㎖/50㎖

バルサムファーとホワイトムスクのヴェールによって
昇華されたソマリアンオリバナムのピュアな香り

オリバナムは、アラビア半島南部からケニア、インドに分布するボス
ウェリア属の樹木の切り口から得られる樹脂。中でもオマーンの固有
種であるサクラは、そのミネラル、レモン、ミントのような香りと治療
効果の両方において、歴史的に最も有名とされる。

PAÑPURI

パンピューリ

2003年、タイに誕生。香りのコンセプトは「古来育まれてきた伝統的なウェルネスのアプローチ」と、「アジアを旅する中で出会った香り豊かな芳香植物」の融合。心と体のバランスをコントロールすることが重視される今、五感を満たし包み込むパンピューリの香りが心を目覚めさせ、気分をリフトアップする。

SIAMESE WATER

サイアミーズウォーター

発売年 ： 2022年*
　　　　（エクストラクトパフュームオイルとして）
タイプ ： フローラル
トップ ： ミント
ハート ： タイジャスミン、イランイラン
ベース ： サンダルウッド
容　量 ： 10㎖

＊このブレンドサイアミーズウォーターとして生まれた
　のは創業時の2003年です

雨水にジャスミンの花を浸す古代からの伝統にインスピレーションを受けて誕生

ジャスミンのフレッシュな香り。トップはミントのフレッシュなグリーンノートで始まる。ミドルはジャスミンとイランイラン。ベースノートはサンダルウッドで、やわらかい印象に。

古代の香油文化への回帰、現代的な香りの表現。

PAÑPURIのパフュームオイルは【 20-30％ 】という高濃度。アルコールフリーでオイルをベースにしているため、アルコールベースの香水と比較して、高濃度で香料を配合することが可能。古代からアーユルヴェーダで重用されてきたオーガニック認証のモリンガ種子油を採用。古代から我々の先祖が身につけてきた、香油の原点を再現している。

ANDAMAN SAILS

アンダマンセイルズ

発売年：2022年（エクストラクトパフュームオイルとして）
タイプ：シトラス、グリーン
トップ：ベルガモット
ハート：グリーンティー
ベース：ナツメグ、サンダルウッド
容　量：10㎖

**エメラルドの波を越え、黄金に輝く水平線に向かうように。
心を高揚させ、活力を与えてくれる香り**

ベルガモットが持つ柑橘系のフレッシュさとグリーンティーのトップ
ノートが、広大な地平線から現れる新しい夜明けのような明るい印象
を与える。ナツメグとサンダルウッドが安定感とシヤージュを加え、
温かく晴れやかな香りへ。

SACRED SANTAL

セイクリッドサンタル

発売年：2022年
タイプ：ウッディ
トップ：ヒノキ、カルダモン
ハート：オリスルート、ジュニパー
ベース：サンダルウッド、アンバー、シダーウッド、オークモス、ベチバー
容　量：10㎖

**神聖な寺院、儀式、巡礼の旅、深い森の奥、
アジアのスピリチュアルなエッセンスを想起させる香り**

サイプレスとカルダモンが、パウダリーでフローラルなオリスルート
のハートノートに、フレッシュ、アロマティック、スパイシーなオープ
ニングをもたらし、同時にベースノートであるサンダルウッドにもや
わらかさと官能性を加えている。

P

MEMORIA MIMOSA

メモリアミモザ

発売年：2023年
タイプ：フローラル
トップ：カルダモン、ネロリ
ハート：ミモザ アブソリュート
ベース：トンカビーン、バニラ アブソリュート
容　量：10㎖

**温かさ、若さに満ちた幸せな気持ち、
幼い日に見た夢を彷彿させる香り**

ミモザの軽やかでパウダリーな甘さが特徴の、若々しい花の香り。
そこにカルダモンが温かみとフレッシュな驚き、上品さを加える。さ
らにトンカビーンとバニラアブソリュートが溶け合い、ほんのり甘く全
体をまとめている。

PARFUM SATORI

パルファン
サトリ

2000年に開設した「パルファン サトリ」。フランス調香師協会への会員登録、フランス「国際香水博物館」への収蔵、世界中の香水愛好家のバイブル「PERFUMES: THE GUIDE」への掲載など、独立系のブランドとしていくつかの "日本で初めて" を実現させてきた。コレクションは、日本の湿度や気候になじむ "軽やかさ" を大切にしている。

調香師　**大沢 さとり**
東京生まれ。1988年から香水を学び始め、1998年、日本にて元スイス・フィルメニッヒ社・主任調香師、丸山賢次氏に師事。2000年にサロン開設、2003年に「パルファンサトリ」のブランドでコレクションの発表を開始。

発売年：2006年
タイプ：ウッディ、オリエンタル
トップ：ベルガモット、コリアンダー oil
ミドル：シナモン oil、クローブ oil、カカオ abs、バニラ res
ラスト：オリバ tars、サンダルウッド、アガーウッド oil
容　量：50㎖

優しさとあたたかさ
伽羅の香りに象徴される和の世界観を表現

最高級の伽羅の香りを表現したパルファンサトリの代表作。茶壷に入れた限定品「SATORI」はフランスの国際香水博物館にも収蔵されている。

HYOUGE ひょうげ

調香師：大沢 さとり
発売年：2008年
タイプ：グリーンシトラス
トップ：グリーンリーフ、クラリセージ ess
ミドル：ジャスミン abs、バイオレットリーフ Abs、パチュリ oil
ラスト：ウッディ、イリスバター
容　量：50㎖

大胆で自由な気風で、美の新しい価値観
甘すぎず強すぎないお茶の香り

ほろ苦い抹茶のグリーンとふわっとした泡立ち。すっきりと立つ個性的な香りの後には、あたたかくパウダリーな甘さが残る。他に類のない香りに古田織部の粋を重ねて「ひょうげ」と名付けられた。

KOKE SHIMIZU

苔清水

調香師：大沢 さとり
発売年：2005年
タイプ：シトラスシプレー
トップ：レモン、ベルガモット、アルモアズ oil
ミドル：ミュゲ、ジャスミン Abs
ラスト：ムスク、ウッディ、モス、パチュリ oil
容　量：50㎖

「石走る垂水の上のさわらびの
萌え出づる春になりにけるかも」

和歌にインスパイアされ誕生。爽やかな柑橘の香りに、やわらかい苔と清水のみずみずしい青葉。春のみずみずしさを表現した透明感のある、フレッシュな香り。

P

NOBIYAKA ノビヤカ

調香師：大沢 さとり
発売年：2023年
タイプ：オゾン、フルーティ、フローラル
トップ：枇杷の花と実、梅酒、ダバナオイル、白桃ベース、ヘリオトロープ
ミドル：ジャスミン Abs、ミュゲ、ナツメグ oil、ローズ ess、
　　　　カモミールブルー ess、Akaito@サフラン Abs
ラスト：イリス、オリバナム res
容　量：50㎖

透明感あるフルーティな香りが広がり
長い蕊がのびやかに空に向かう

枇杷のつぼみが開いてフワフワと香る。みずみずしい果汁が滴り、甘酸っぱい梅酒や白桃の中、シュンシュンとサフランの蕊が伸びていく。現実世界に縛られず、むしろ未知の空間を楽しみながらまさに咲こうとする私を、何度でも目覚めさせる香り。

PARFUMS DE LA BASTIDE

プロヴァンスの自然にインスピレーションを得て、2014年に誕生。保存料・着色料を配合せず、消費者と環境に配慮し、天然香料を用いて生産。香水、キャンドルは、それぞれの専門職人が香りの質を高め、プロヴァンスの工場で製品化している。「ゆっくりと素晴らしい人生を満喫する」というコンセプトのもと、自然の恵みを香りで表現している。

EXQUISE
EAU DE PARFUM

エキスキーズ
オードパルファム

発売年：2014年
タイプ：フルーティウッディ
主な香料：マンダリンゼスト、フィグ、ブラックカラント、フィグリーフ、ピーチリーフ、ダバナエッセンス、シダーウッド、バーボンヴァニラ
インスピレーション：ソリエスのイチジク
容　量：50ml／100ml

まばゆい太陽の下で喜びに満ちる、甘く青々しい香り

太陽が降り注ぐ南仏で、8月から10月にかけ収穫されるイチジクのみずみずしい果実の香りと、グリーンリーフの青々しさのバランスが、やがて豊かなウッディの香りと溶け合う。まろやかで美味しそうな、喜びにあふれた果実の香り。

ECLATANT
EAU DE PARFUM

エクラタン オードパルファム

発売年：2014年
タイプ：トニックシトラス
主な香料：レモン、シトロン、バジル、ミント、
　　　　　バーベナ、シダーウッド、ローズウッド
容　量：50ml／100ml

朝一番に香りたい。目覚めの朝に、
フレッシュな香りを

みずみずしいレモンが明るく香り、やがて丸みを帯びた香りへと変化する。生産量が限られているため貴重な、モナコ王国に隣接するコートダジュール地方マントンのレモンがインスピレーション源。冬になると酸味のない果実が甘く芳しい香りを放つ。

CÉLESTE
EAU DE PARFUM

セレスト オードパルファム

発売年：2023年
タイプ：ー
主な香料：ベルガモット、コットン、
　　　　　ジャスミングランディフローラム、
　　　　　カルダモン、ホワイトムスク、シダーウッド
容　量：50ml／100ml

繊細なジャスミンの香りと
やわらかな雲を思わせる、やさしい香り

フランス語で「天空」という名を持つその香りは、暁につみ取った繊細なジャスミンに残る朝露や、浮雲のようなコットンウールのやわらかさを思わせるノート。軽やかさと爽やかさが織りなす、まるで天にも昇るようなナチュラルで心地よい香り。

PENHALIGON'S

ペンハリガン

1870年にウィリアム・ペンハリガンによって創られたフレグランスハウス。理髪店から始まったペンハリガンは、トータルグルーマーとしての実績と数々の素晴らしい香りが評価され、王室より「英国王室御用達」の称号を与えられる。伝統的な枠組みにとらわれず、新たなエレガンスの表現を求め続け、英国らしさあふれる感動的な香りを提供している。

SOLARIS
EAU DE PARFUM

ソラリス
オードパルファム

調香師：アリエノール・マスネ
発売年：2023年
タイプ：フローラル、シトラス
トップ：ブラックカラント、ネロリ、レモン
ミドル：イランイラン、ジャスミン、
　　　　ティアレフラワー
ラスト：シダーウッド、サンダルウッド
容　量：30ml／100ml

**生命力あふれる太陽をイメージした
輝くような香り**

時代を超えて太陽を賛美する、ホワイトフラワーにシトラスが光り輝き降り注ぐようなフレグランス。センセーショナルで、温かく、そして芳醇。天空のような優雅さを備えたオードパルファム。

THE INIMITABLE WILLIAM PENHALIGON
EAU DE PARFUM

ジ イニミタブル ウィリアム ペンハリガン
オードパルファム

調 香 師：アルベルト・モリヤス
発 売 年：2021年
キャラクター：雄羊"ウィリアムの故郷コーンウォールの象徴"
　　　　　　"大胆な行動力"
タ イ プ：ウッディ、グリーン、アンバリー
主な香料：ベルガモット、ジャスミン、ベチバー、
　　　　　　インセンス、シダーウッド、
　　　　　　サンダルウッド、アンブロックス
容　　量：75㎖

気品あるオーラに包まれる、自信に満ちあふれた香り

力強いタッチと緻密なコンポジションで自信に満ちあふれた唯一無二の存在感を印象づける香り。出会う人すべてを魅了するかのようなオーラの秘密はフレッシュなベチバー。神秘的なノートが気品と洗練された雰囲気をただよわせる。

EMPRESSA
EAU DE PARFUM   P

エンプレッサ オードパルファム

調 香 師：クリスチャン・プロベンザーノ
発 売 年：2021年
タ イ プ：シプレ、フルーティ
トップ：ブラッドオレンジ、ベルガモット、マンダリン
ミドル：ピーチ、カシス、デューベリー、ローズ、ネロリ、ゼラニウム、
　　　　カルダモン、ピンクペッパー、ブラックペッパー
ラスト：バニラ、フランキンセンス、ココア、アンバー、ムスク、
　　　　ウッド、パチョリ、サンダルウッド、キャラメル
容　　量：30㎖ / 100㎖

貴重なシルクやパールの美しい光沢にインスパイアされた、フェミニンでフルーティな香り

19世紀末、世界の貿易の中心地として栄華を極めたロンドンに運ばれてきた贅沢な香料の数々。上流社会の女性たちの元に届けられた貴重なシルク製品やパールの美しい光沢にインスパイアされた、フェミニンでフルーティなフレグランス。

Pierre Guillaume

ピエールギョーム

2002年、パリに創業。2010年にはオーヴェルニュ火山帯地方自然公園内に大規模な工房を設立し、香水製造のすべての機能を一括管理している。パリとリヨンにもそれぞれ直営店舗があり、自社で製造から販売までを一貫して運営。現代的で独創的かつ詩的な香りとして高い評価を受け、世界37カ国以上、400を超える店舗で販売されている。

04 MUSC MAORI

04 ムスク マオリ

調香師　ピエール・ギョーム

幼い頃より、化学者の父親からエッセンシャルオイルや合成香料について教えを受け、その後の香水制作の基礎を築く。大学では父親と同じく化学を専攻。2002年、父親の葉巻貯蔵庫の香りを再現しようと試み、調香師としてのキャリアをスタート。スパイシーなタバコアコードを中心に構成した香水は、批評家やプロのバイヤーからすぐに注目を浴び、瞬く間に世界中の香水愛好家の間で広く知られるようになる。

発売年：2005年
タイプ：スウィート、スパイシー
トップ：ココア、コーヒーツリーブロッサム
ボディ：ミルク、トンカマメ
ベース：ムスク、アンバー
容　量：50mℓ

幼少期の思い出へと退行させてくれる香り

ベルガモットの香りをアクセントにした琥珀色の輝きを放つホットチョコレート。いたずらっぽい軽やかな香りが肌に浸透すると、その完全な官能性が出現する。幼少期の朝食の風景を思い出させてくれそうな香り。

09.1 KOMOREBI
09.1 コモレビ

調香師 ： ピエール・ギョーム
発売年 ： 2018年
タイプ ： グリーン、ウッディ
トップ ： フレッシュミントリーフ、涼しい風、樹液
ボディ ： レセダ、ミモザ、ブラックカラント
ベース ： ヘーゼルウッド、オークウッド、トンカマメ（Abs）
容 量 ： 50㎖

美しい夏の日、オークやヘーゼルの木
フレッシュなリーフの香り

腕一杯に抱えた新鮮な葉っぱとふくよかな果物が奏でる植物の詩。その香りは、美しい夏の日、オークやヘーゼルの木の葉の間からちらちらと差し込む太陽の光とともに、私たちをロマンチックな森へと誘う。

12.1
12.1 アン クリム エキゾティック
UN CRIME EXOTIQUE

調香師 ： ピエール・ギョーム
発売年 ： 2006年
タイプ ： スパイシー、スウィート
トップ ： エレミ、ベルガモット
ボディ ： ブラックティー、ジンジャーブレッドノート
ベース ： ココア、サンダルウッド
容 量 ： 50㎖

マテとココアとサンダルウッドが
異国情緒を引き立てる香り

シトラスとレザーのアクセントで味付けしたシプレの紅茶。エレミとジンジャーブレッドという珍しい組み合わせに、スパイスを効かせ、マテとココアとサンダルウッドが異国情緒を引き立てる。

P

LIQUEUR
リキュール シャーネル
CHARNELLE

調香師 ： ピエール・ギョーム
発売年 ： 2014年
タイプ ： スウィート、フルーティ
トップ ： コニャック、スウィートスパイス、エレミ
ボディ ： ブロンドタバコ、ラズベリー、ペッパー
ベース ： パウダリーウッド、アンバー
容 量 ： 50㎖

美しく華やぐ、芳醇な甘みをまとった
フルーティーな香り

トップで香るコニャックに独特の風味を与える5つの主要なアロマは、バニラ、プルーン、キャラメル、オレンジ、アプリコット。美しく華やぐ、芳醇な甘みをまとったフルーティーな香り。

PRADA
プラダ ビューティ

BEAUTY

1913年にイタリア・ミラノで創業したラグジュアリー・ブランド。2024年3月には、ビューティラインが日本に上陸し、フレグランスは、ミウッチャ・プラダとラフ・シモンズのダイレクションのもと、調香されている。モダンでありながら、伝統的なイタリアンスピリットが息づくプラダのフレグランスは、ブランドが愛するコントラストを表現している。

PARADOXE
プラダ パラドックス オーデパルファム

調香師 ：ナデージュ・ル・ガランテゼック、
　　　　 シャマラ・メゾンデュー、アントワーヌ・メゾンデュー
発売年 ：2023年
タイプ ：フローラルアンバー
トップ ：カラブリア産ベルガモット、タンジェリン、ペアアコード
ミドル ：ネロリ＆ネロリバッドエッセンス、チュニジア産オレンジ
　　　　 ブロッサム、ジャスミンサンバックアブソリュート
ラスト ：アンバーアコード（アンブロフィックス）、
　　　　 ラオス産ベンゾイン、マダガスカル産バーボンバニラ、
　　　　 ホワイトムスク（セレノイド）
容　量 ：30㎖／50㎖／90㎖／リフィル100㎖

アイコニックでありながら思いがけない
印象をみせるトライアングルのボトル

プラダがDNAの一つとして受け継ぐ「パラドックス（矛盾）」を反映した香りは、ホワイトフラワーブーケを想起させるフローラルなノートでありながらも、対極にある強さを表すアンバーの香りを融合。

Les Infusions de Prada
Gingembre Eau de Parfum

インフュージョン ドゥ プラダ ジャンジャンブル オーデパルファム

調香師：ダニエラ・アンドリエ
発売年：2024年
タイプ：シトラスウッディ
主な香料：グリーンマンダリン、ジンジャー、ゼラニウム、ベチバー
容　量：10㎖ /100㎖

ジンジャーがもつ多面性の探求

ジンジャーの活き活きとした個性を、シトラスウッディの
ジュースに閉じ込めた。みずみずしく、色鮮やかなグリー
ンマンダリンと合わさることで、すり下ろしたばかりのジン
ジャーを思わせる、やみつきになるような香りが際立つ。
ウッディなベースノートが、フレッシュさと芳醇で高貴な余
韻をバランスよく表現している。

Les Infusions de Prada
Vanilla Eau de Parfum

インフュージョン ドゥ プラダ バニラ オーデパルファム

調香師：ダニエラ・アンドリエ
発売年：2022年
タイプ：フローラルアンバー
主な香料：ベルガモット、ネロリ、バニラ、アンジェリカシード
容　量：10㎖ /100㎖

ミステリアスな融和に浸る香り

スモーキーなバニラの香りにシトラスが彩りを添える。バニ
ラビーンズを割った瞬間にあふれ出すスモーキーな甘さに、
光り輝くベルガモットと弾けるようなネロリが鮮やかなコント
ラストをもたらす、フローラルアンバーの香り。ブラウンのレ
ザーキャップはバニラビーンズを表現している。

P

Les Infusions de Prada
Figue Eau de Parfum

インフュージョン ドゥ プラダ フィグ オーデパルファム

調香師：ダニエラ・アンドリエ
発売年：2023年
タイプ：ウッディグリーン
主な香料：マンダリン、フィグ アコード、レンティスク、ガルバナム
容　量：100㎖

フィグの活き活きとした姿を彷彿とさせる
ウッディグリーンの香り

フィグを、肌の香りを表現した"エスプリ ドゥ インフュージョ
ン"(ムスク、シトラス)に昇華させた極上の香り。インフュー
ジョン ドゥ フィグは、フィグの青々しいウッディさと爽やか
なクリーミーさのコントラストを引き出す。

R fragrance

アールフレグランス

2017年に調香師 村井千尋が設立。ブランド名の "R" は「RIN （凛）」「RICH （贅沢で豊かな香りであること）」、「RARE （希少性の高い香りであること）」の頭文字を取って名付けられた。文化や哲学、情景など、日本ならではの高い精神性や繊細さが漂う本物の香りを追求。日本の豊かさを表現し、心を満たす香りを提案するジャパンメイドのフレグランスブランド。

TSUJIGAHANA

辻が花

調香師　村井 千尋
香料の知識や調香技術の専門教育を受け、企業で調香師として勤務し、大手企業などにシグネチャーセントを提供。思想や哲学・心理学など、見えないものを読み解き、形作ることに興味を持ち、人間の内なる感情を表現することに没頭している。

発売年：2018年
タイプ：フルーティー グリーン フローラル
トップ：葡萄(葉・果皮)、イランイラン、クローブ
ミドル：藤、すみれ
ラスト：ヘリオトロープ、ムスク、白檀(サンダルウッド)
容　量：50㎖

**着物の上にしか咲かない幻の花 "辻が花"
日本の伝統文化から生まれた
ボーダーレスな葡萄と藤の香り**

辻が花とは、絞り染めの技法の名前である。男性にも女性にもまとわれる姿には、すべてをありのまま受け入れる価値観が見出される。国も、セクシュアリティーも時空さえも飛び越えるボーダーレスな世界観を表現した、日本の伝統文化からインスピレーションを受けた香り。

ICHIGO MUJOU

一期無常

調香師：村井 千尋
発売年：2021年
タイプ：グルマン レザリー
トップ：苺
ミドル：はちみつ、ローズアブソリュート
ラスト：バニラ、パチョリ、レザー
容　量：50㎖

いちごの中に人の一生のすべてがある
「儚い人生」という意味の名前を持つ香り

「いちごの中には人の一生（一期）のすべてがある」という考え方から、生まれてから命果てるまでのさまざまな段階を苺、そしてレザーやパチョリなどで表現。香りが時間とともに変わりゆくさまを、人の一生のうつろいに重ね合わせたフレグランス。誰もが必ず迎える「死」。ともすれば忌避されがちなテーマを意識することは生を強烈に意識することである。

EAU DE R

オード アール

調香師：村井 千尋
発売年：2023年
タイプ：シトラス グリーン アロマティック
トップ：かぼす、ジュニパーベリー、ブラックペッパー
ミドル：ルバーブ、ハーバルノート
ラスト：ベチバー、サイプレス、ムスク
容　量：50㎖

R

常識へのアンチテーゼを唱え
国産の「かぼす」を贅沢に使用した
オーデコロン

オード アールは、香りの歴史に敬意を払いながらも、伝統的なコロンに使用される天然香料を使用せず、国産の「かぼす」をふんだんに使って作られている。

RboW

アールボウ

ソウルアートオークションで活躍中のアートディレクター、キム・ソヒョンが手がけるビューティー＆コスメブランド。香りやパッケージなど、化粧品を通じて日常にアートを纏わせ、自分自身をアーティスティックに表現して生きていく方法をサポートするというコンセプトのもとブランドが誕生。デコラティブなアイテムを展開している。

RboW Case Study
Eau de Perfume
Monsoon

モンスーン

発売年 ： 2023年
トップ ： ウォーターフルーツ、ブラックカラント、フリージア
ミドル ： ローズ、ジャスミン、スズラン
ラスト ： ムスク、アンバー、サンダルウッド
容　量 ： 30㎖

夜明けの秘密の温室と露のついた散歩道
純粋で優雅な一日の始まりの香り

ブラックカラントの果物の香りは、花々と調和し、ムスク、アンバー、サンダルウッドは、温かく奥ゆかしい印象を残す。繊細でパウダリー、サンダルウッドの暖かくてやわらかい香りを感じながら、散歩道を歩いているようなイメージ。

RboW Case Study Eau de Perfume
Amber Sanguine　アンバーサンギン

発売年：2023年
トップ：ピンクベリー、ベルガモット、ブラックカラント
ミドル：スミレ、イリス、スズラン
ラスト：モス、シュガーアーモンド、カシミヤムスク
容　量：30㎖

カラフルなカラーが踊る、正午のシークレットガーデン
鮮やかで異国的な色彩の香る陽炎を放つ香り

甘い香りに満ちたフルーツバスケット。ピンクベリーとブラックカラントの軽やかな甘さ、ロマンチックなバイオレットとパウダリーなオリスの香りが中心となり調和を図る。甘いアーモンドの香ばしさとかすかな苔の香りが、心地よい残香を引き出す。

RboW Case Study Eau de Perfume
Atelier Chai　アトリエチャイ

発売年：2023年
トップ：クローブオイル、ターメリックオイル、ロンゴサオイル、
　　　　マダガスカル、ベルガモットオイル
ミドル：チェリーアコード、シナモンオイルマダガスカル、
　　　　トンカビーンズ
ラスト：パチュリオイル、ミルラ、バニラボーンマダガスカル、
　　　　シダーウッドオイル
容　量：30㎖

香料市場のほろ苦い香辛料の香りが鼻をかすめる
ゆるやかな夕方の風に込められた神秘の香り

スパイシーで温かいクローブとターメリックオイルは神秘的な想像力を刺激し、ウッディなロンゴザオイルとさわやかなベルガモットは生命力を与える。ゆったりとした夕方、にぎやかな広場にある商店から香る、スパイシーで東洋的な香り。

R

RboW Case Study Eau de Perfume
Black Wood　ブラックウッド

発売年：2023年
トップ：ベルガモット、レモン、ベリー
ミドル：ローズアブソリュート、シトラス、クローブ、サイプレス、
　　　　シプリオイル、ミルラ
ラスト：ソフトレザー、サンダルウッド、ベチバー、パチュリ、
　　　　シダーウッド、ラブダナム、オリバナム
容　量：30㎖

星が降り注ぐ夜空の下、
明かりの消えた薪の山から立ち上るひとすじの煙

サイプレスとミルラの香りは夜に吹く冷たい風に似て砂漠の向こうの話で耳介をくすぐり、ソフトレザーとラブダナムの成熟した香りが夜の複雑で微妙な感情を残す。真夜中の広大な砂漠の星空の下で、静かで重みのある沈みゆく煙と燃え残った薪の香り。

ROGER&GALLET

ロジェ・ガレ

1693年、イタリアで誕生。時を経てパリのジャンマリ・ファリナへと受け継がれ、1862年、オリジナルレシピはアルマン・ロジェとシャルル・ガレに引き継がれた。毎日の入浴習慣がまだなかった時代に身体に良い香りをまとわせるために使用されていたオーデコロンは、今もフレンチフレグランスの芸術としてたたえられている。

EAU PARFUMÉE
GINGEMBRE ROUGE

オ パフュメ
ジンジャールージュ

調香師：アルベルト・モリヤス、
　　　　アマンディーヌ・クレマリー
発売年：2022年
タイプ：フローラルフルーティー
主な香料：ザクロ、ジンジャー、ベンゾイン
容　量：30㎖/100㎖

フレッシュでありながら官能的
元気をプラスしたいときにおススメのフレグランス
天然のジンジャーエキスは、まるで砂糖漬けのジンジャーのような美味しそうな香り。濃いピンクのザクロの粒が一瞬にして香りを解き放つ。ベースのベンゾインの、キャラメルのような官能的な香りが、歓びの感覚を完璧なものにしている。

EAU PARFUMÉE
FLEUR DE FIGUIER

オ パフュメ フィグ

調香師：フランシス・クルジャン
発売年：2022年
タイプ：フローラルフルーティー
主な香料：フィグ、ムスク、グレープフルーツ
容　量：30㎖/100㎖

暖かい昼下がり、木陰でのシエスタ
夏の終わりを感じさせる甘く穏やかな香り

イチジクの温かみのある果肉と、ゆったりした気分にさせてくれる葉、ほろ苦いグレープフルーツの香りが、地中海沿岸の低木林を彷彿とさせる。伝統あるロジェ・ガレのフレッシュな香りに、太陽の恵みを受けたフルーツの香りをブレンドしている。

EAU PARFUMÉE
FLEUR D'OSMANTHUS

R

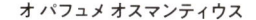

オ パフュメ オスマンティウス

調香師：ナタリー・ローソン
発売年：2022年
タイプ：フローラルフルーティー
主な香料：イタリアンマンダリン、オスマンサス、ベンゾイン
容　量：30㎖/100㎖

イタリアンマンダリンの香りを
ベンゾインが包み込み、心と身体を
目覚めさせるフレグランス

リフレッシング効果をもたらすオスマンサス（金木犀）のエッセンスが甘酸っぱくフルーティーな香りを放つ。そのベルベットのような甘さに太陽の恵みを受けたフレッシュなイタリアンマンダリンが加わって、幸福感に満ちた香りに。

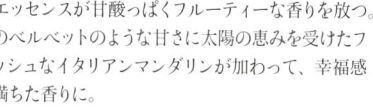

Santa Maria Novella

フィレンツェで創業した世界最古の薬局。1221年、ドミニコ会が修道院を設立し、菜園をつくり植物を育てたことに始まる。何世紀にもわたり培われてきた薬局方や自然製剤の経験が発展し、化粧品、フレグランス、ウェルネスプロダクトの分野へ。800年の長い歴史の中で創られたフレグランスは花の都フィレンツェの華やかな歴史を雄弁に物語っている。

BIZZARRIA

ビッザリア

発売年：2024年
タイプ：ヘスペリディック、フローラル、フルーティ
トップ：ビッザリア・アコード、ネロリ、
　　　　ティムールペッパー
ミドル：オレンジブロッサムアブソリュート、
　　　　ジンジャー、ダヴァナ
ベース：シダーウッド、ムスク
容　量：50㎖/100㎖

ビターオレンジ、レモン、シトロンが混ざり合った非常に珍しい柑橘系果実ビッザリア

ティムールペッパーとネロリの甘美な香りを漂わせ、次いでオレンジブロッサムアブソリュート、ダヴァナ、ジンジャーが華やかな彩りを添える。シダーウッドとムスクが洗練された、美しさの印象がいつまでも続く印象的なオードパルファム。

L'IRIS アイリス

発売年 ：2024年
タイプ ：グリーン、フローラル、プードレ
トップ ：ガルバナム、ティムールペッパー、ネロリ
ミドル ：ゼラニウム、マグノリアチャンパカ、ジャスミンサンバック
ベース ：アイリスフィオレンティーナ、ムスク、アンバーグリス
容 量 ：50㎖/100㎖

フィレンツェの丘で栽培される
アイリスの花の根茎を6年間かけて
抽出して作られる貴重な香り

繊細さと鮮やかさを併せ持つブーケが特徴。ガルバ
ナム、ティムールペッパー、ネロリが、ゼラニウム、マ
グノリアチャンパカ、ジャスミンサンバックとエレガン
トに溶け合う。そしてなんといってもアイリスフィオレ
ンティーナの香りが印象的に広がる。

MAGNOLIA マグノリア

発売年 ：2024年
タイプ ：フローラル、フルーティ、アンベリー
トップ ：ホワイトローズアコード、ゼラニウム
ミドル ：マグノリアグランディフローラ、
　　　　 マグノリアチャンパカ、ジャスミンサンバック
ベース ：アンバー、ムスク
容 量 ：50㎖/100㎖

力強く美しく香る樹木の魅力を
余すところなく表現したオードパルファム

ホワイトローズとゼラニウムの艶やかな香りから始ま
り、マグノリアグランディフローラ、マグノリアチャン
パカ、ジャスミンサンバックのアブソリュートと組み
合わされたマグノリアグランディフローラのミドル
ノートが多層的な深みを与える。

GELSOMINO ジェルソミーノ

発売年 ：2024年
タイプ ：フローラル、スパイシー、ウッディ
トップ ：ベルガモット、タンジェリン、ピンクペッパー
ミドル ：ジャスミンサンバック、ゼラニウム、イランイラン
ベース ：シダーウッド、ムスク
容 量 ：50㎖/100㎖

深く神秘的な香りのジェルソミーノは
ゴアからの贈り物として持ち込まれた
ジャスミンの一種

ベルガモット、タンジェリン、ピンクペッパーがトップ
ノートに香り、ミドルノートには、ジャスミンサンバッ
ク・アブソリュート、ゼラニウム、イランイランが神秘
的な雰囲気を漂わせる。最後に、シダーウッドとムス
クが印象的に広がる。

SHIRO

シロ

「自分たちが毎日使いたいものをつくる」というシンプルな想いからスタートしたコスメティックブランドSHIRO。自社内に開発から販売まですべての機能を持ち、創業当初からエシカルな信念に基づくものづくりを続けている。フレグランスアイテムは、ナチュラルでありながら心地よく。季節の移り変わりとともに日常に寄り添う限定フレグランスシリーズもある。

FREESIA MIST
EAU DE PARFUM

フリージア ミスト オードパルファン

発売年 ： 2019年
タイプ ： フルーティーフローラル
トップ ： アップル、アプリコット、ベルガモット
ミドル ： グリーン、ローズ、ピーチ
ラスト ： ホワイトフローラル、ムスク
容　量 ： 50㎖/100㎖

フラワーマーケットをイメージした、清潔感のある華やかなパフューム

アップルやアプリコットなどのみずみずしいフルーティーとやわらかなフローラルが合わさった、透明感のあるフルーティーフローラルが特長。水のかわりに、徳島県の木頭柚子（きとうゆず）の蒸留水*を配合し、香料をより深みのあるものに引き立たせている。

*ユズ果皮水／保湿・芳香成分

WHITE LILY
EAU DE PARFUM

ホワイトリリー オードパルファン

発売年：2013年
タイプ：フローラル
トップ：ベルガモット、ブラックカラント、グリーン
ミドル：リリー、ジャスミン、ローズ、マグノリア
ラスト：アンバー、サンダルウッド、ムスク
容　量：40㎖

上品なフローラルに包まれる、
洗練されたフレグランス

フレッシュなフルーティーやグリーンのトップ
ノートに、ミドルノートの凛としたリリーが香る。
マグノリアなどのフローラルが加わることで全体
的に丸みのある印象を与え、ムスクなどの上品さ
があふれる、華やかで清楚な香り。

SAVON
EAU DE PARFUM

サボン オードパルファン

発売年：2010年
タイプ：フルーティー
トップ：レモン、オレンジ、ブラックカラント、ライチ
ミドル：ローズ、ジャスミン、スズラン、プラム
ラスト：ムスク、アンバー、ウッディ、スウィート
容　量：40㎖

爽やかなフルーツが香る、
清潔感漂う石けんをイメージした香り

お風呂上がりのような清潔感漂う香りのフレグランス。
トップノートとミドルノートでは、レモン・オレンジ・
ブラックカラントなどのシトラスやフルーティーの爽
やかさにフレッシュな花々が加わり、スウィートのや
さしい甘さがラストノートで香る。

SHOLAYERED

フレグランスプロデューサー・石坂 将が手がけるショーレイヤード (旧ブランド名：レイヤード フレグランス) は、「香りをレイヤードする」というその新しい選び方・楽しみ方を提案し、メイド・イン・ジャパンの香りの魅力を世界中に届けている。香りと共存するライフスタイルの在り方や楽しみ方を積極的に発信するブランド。

1945
1945　オードトワレ ブラック
BLACK | 美しく愛された記憶

EAU DE TOILETTE
BLACK

1945

フレグランスプロデューサー　**石坂 将**
英国ランカスター大学大学院にて修士課程を修了後、商社入社。2010年にプロデュース商品が日本フレグランス大賞を受賞。2012年1月にフレグランスメーカーを立ち上げる。数多くの著名人やスポーツ選手、ブランドとのプロデュース商品を手がける。

発売年：2023年
トップ：ベルガモット、ペア、オレンジ、グレープフルーツ
ミドル：ジャスミン、ライラック、ラベンダー、オスマンサス
ラスト：アンバー、ムスク、サンダルウッド
容　量：50㎖

「時を重ねる」ことをコンセプトに創られた抱きしめたくなる香り

この香りに包まれて誰かに愛された日々がある。それが私の人生の誇り。シトラスの清潔感とジャスミンや金木犀のフローラルが肌に溶け込むように香り立ち、時間とともに上質な色気となる。抱きしめたくなる香り。

COMPOUND
EAU DE TOILETTE
NO.4　コンパウンド　オードトワレ No. 4

フレグランスプロデューサー：石坂 将
発売年：2023年
主な香料：ベルガモットジャスミン、
　　　　　フレッシュペア、ミステリアスミックス
容　量：50㎖

**ウィリアム・アリンガムの名言「秋は甘美な
季節である」この言葉にピッタリな香りの世界**

秋の木漏れ日の中でフワリと香る、紅茶のような
気品と愛らしさが特徴。ベルガモットジャスミン
にフレッシュペアが与える夏の残像や、夜の気配
と落ち着きをもたらすミステリアスミックスの大人
らしさを感じる香り。

NON-
ALCOHOLIC
PERFUME
ノンアルコールパフューム
フレッシュペア

FRESH PEAR

フレグランスプロデューサー：石坂 将
発売年：2023年
容　量：50㎖

**ボディミストのようなやわらかい噴霧で、
ふんわり、しっかり香る**

洋梨の甘いフルーティな香りが透明感とともに広がり、
開放感あふれる印象が心地よい空間を演出する。
アルコールが苦手な人、普段香水を使わない人にも
おすすめの、ユニセックスで使える香り。

S

SISLEY

シスレー

フィトコスメトロジー（植物美容学）と先端テクノロジーの融合により数々の名品を世に送り出す
フランス発の化粧品ブランド、シスレー。フレグランスは、洗練されたエッセンシャルオイルが
絶妙なハーモニーを奏でる芸術作品。独創的、かつ魅惑的な香りをまとうすべての人々の
個性と魅力を可能な限り引き出してくれる。

Eau de Campagne

オードゥ カンパーニュ

調香師：ジャン＝クロード・エレナ
発売年：2006年
タイプ：シトラス、グリーン、シプレー
トップ：レモン
ミドル：トマトリーフ
ラスト：ベチバー
容　量：50㎖/100㎖

**大自然から活力を得たかのようにフレッシュで
陽気なパワーで満たしてくれるフレグランス**

シトラスの香りの中にワイルドなハーブがアクセントを添える幕開けをし、
グリーンフローラルへと変化。プロヴァンスやロワールの美しい田園風
景をイメージした草原の爽やかな風と、やさしい陽射しを感じる香り。

Izia イジィア

調香師：アマンディーヌ・クレール＝マリー
発売年：2017年
タイプ：アルデハイド、フローラル、ムスク
トップ：ベルガモット
ミドル：ローズ・ドルナノ
ラスト：ムスク
容 量：30㎖/50㎖/100㎖

バラのように特別で、庭園と同じくらい
くつろぐやさしい朝露を彷彿させる
モダンで魅力的な香り

マダム・イザベル・ドルナノの愛称を名に冠した、
女性のあらゆる側面を表現するフレグランス。愛
情を込めて育てた唯一無二のローズ・ドルナノ
を中心に、軽やかなフローラルからやさしいムス
クへと移りゆく印象的かつ魅力的な香り。

L'Eau Rêvée d'Hubert

ローレヴェ ウベール

調香師：アレクシス・ダディエ
発売年：2023年
タイプ：フレッシュ、ベジタブル、ウッディ
トップ：シソ
ミドル：ゼラニウム
ラスト：モスアコード
容 量：50㎖/100㎖

共同創業者のイザベルが
自然をこよなく愛した
夫ウベール・ドルナノに捧げる香り

調香師の間で「マスキュリンなローズ」と表されるゼラ
ニウムの葉の持つ独特の強い香りを再現。ペパーミン
トを思わせる鮮烈でアロマティックな香りと爽快なグ
リーンノートの中に、湿った土のようなユニークなアク
セントが感じられる。

STORIE VENEZIANE
By VALMONT
PALAZZO NOBILE

ストーリエ ヴェネツィアン
バイ ヴァルモン
パラッツォ ノービレ

FIZZY MINT

フィジー ミント

調香師：ソフィー・ギヨン
発売年：2021年
タイプ：アロマティックシトラス
主な香料：ベルガモット、フレッシュミント、
　　　　　ヴァーベナ
容　量：50㎖／100㎖

**繊細で軽やか、クリスタルでソフト。
シトラスとハーブのハーモニー**

身に纏う人と、それを取り巻く空気との調和。シンプルで純粋な感情に満ちた幸福を表現している。アロマティックではじけるトニックな柑橘類の香りで肌を包み込む。青々とした緑に、鮮やかなイエローをスプラッシュしたようなはじける爽快感が広がる。

ヴァルモン・グループのCEOであるソフィー・ヴァン・ギヨン自らが手がける香り。ヴァルモン財団が保有する"パラッツォ・ボンヴィチーニ宮殿"の床に敷き詰められた色とりどりのテラゾ（人造大理石）をイメージ。優美な繊細さが特徴のオードトワレを通じて、ソフィーは控えめのエレガンスが詰められたフレグランスが持つ親密な感情を称えPalazzo Nobileという名をつけた。

CUTIE PEAR

キューティペアー

調香師：ヴェロニク・デュポン、ソフィー・ギヨン
発売年：2023年
タイプ：フローラルフルーティ
トップ：洋梨、ルバーブ
ミドル：ティー、スイートピー
ベース：ミルキーサンダルウッド
容　量：100㎖

**週末のファミリーブレックファスト。
カラフルなフルーツ、テーブルに飾られた花々**

フローラルとフルーティをミックスした、モダンで洗練された香り。素材選びの微妙なバランスにより、みずみずしい香りから甘く包み込むような空間へと広がり、爽やかさと温かさが溶け合う、この上なくエレガントな香りをつくりだす。

Tauer Perfumes

タウアー パフューム

2005年、アンディ・タウアーにより創設。本屋を営む友人からの自分の店に香水を並べたいというリクエストに応じて、2つの香水を発表。「モロッコの砂漠の風」が、「匂いの帝王」の異名をもつ香水の超辛口評論家ルカ・トゥリン氏による手放しの絶賛（5つ星の評価）を受けたことをきっかけに、ニッチな調香師としてまたたく間に世界的なスターダムを駆け上がった。

NO 02 L'AIR DU DÉSERT MAROCAIN

レール デュ デゼール マロカン｜
モロッコの砂漠の風

調香師　アンディ・タウアー
一般企業で営業責任者、ITマネージャー、プロダクトマネージャーや研究開発マネージャーなどの職種を経たのち、香水の道へ。ブランド創設以来、日々処方を研究開発し、素材を自ら作り出してブレンドし、ボトルに詰めて、検査をした後にラベルを貼ってから出荷するという一連の業務を、スイスの山奥で自ら一人手作業で行っている。

発売年：2005年
タイプ：アロマティック、ウッディ
トップ：コリアンダー、クミン、プチグレイン
ボディ：ロックローズ、ジャスミン
ベース：乾燥したシダーウッド、ベチバー、最良のアンバーグリス
容　量：50㎖

香水の超辛口評論家による
手放しの絶賛を受けた作品

パワフルで官能的でピュア。サハラ砂漠の宿のベッドに横たわって、砂丘の上に月が昇っていくのをぼんやり眺めながら、私は砂漠のオアシスを吹き渡るモロッコの夜風の香りを夢見ていた。

NO 01 LE MAROC POUR ELLE

ル マロック プール エル｜彼女のモロッコ

調香師：アンディ・タウアー
発売年：2005年
タイプ：ウッディ、フローラル
トップ：マンダリン、ラベンダーのシトラスコード
ボディ：モロッコ産ローズ、モロッコ産ジャスミン
ベース：モロッコのアトラス山脈産シダーウッド、オリエンタルウッドのバーム
容　量：50㎖

香りの彫刻家、唯一無二の真なるニッチ香水

暖かな日差し、エキゾチックで情熱的。扇情的な激しいダンスの
フィーバーに誘う。匂い立つモロッコ産のローズ・ジャスミン・シ
ダーウッドがアフリカの情景をエロティックに描き出す。

L'AIR DES ALPES SUISSES

レール デザルプス スイス｜スイス・アルプスの風

調香師：アンディ・タウアー
発売年：2019年
タイプ：アロマティック、ウッディ
トップ：氷に覆われた山頂から吹き下ろすそよ風のように新鮮、花崗岩に覆わ
　　　　れた荒々しい地面、雪山からの冷たい空気、高山の自生する強いハーブ
ボディ：新鮮でグリーン、スパイシーでパウダリー、緑生い茂る牧草地に咲く赤いリリー
ベース：高山の山の崖の斜面にある森、カラマツ、ブナのウッディな暖かさ、
　　　　太陽の下で芳しい香りを放つ甘く乾いた土
容　量：50㎖

世界中の香水ラバーや調香師から
尊敬と憧れを集め続けている

国土の大半が山岳地帯のスイス。アルプス山脈に連なる数々の
名峰は天を衝くように厳然とそびえ立ち、太古から人々の暮らし
を見つめてきた。このフレグランスはスイスの山々から吹き下ろ
される美しい風の贈り物。

PHTALOBLUE

フタロブルー｜鮮やかな碧

調香師：アンディ・タウアー
発売年：2020年
タイプ：アロマティック、アクア・マリン
トップ：天然ベルガモット、シチリア産レモン、ブルガリア産ラベンダー、
　　　　スイートフェンネルのエッセンシャルオイル、
　　　　ファンタスティックなナチュラル・フレッシュ
ボディ：ブルボンゼラニウム、オレンジブロッサム、
　　　　魅力的なアクアティックハーブ
ベース：グルマンなアンバー、ドライトンカマメ、アクアティックなシダーウッド
容　量：50㎖

再定義する、究極のアクアノート

海辺の気取らないリゾート感を表現。エレガントな柑橘とハー
バルのフレッシュさに、豊かで深い、ウッディーでフローラルな
香りがアクセントを加える。アクアノートの再定義ともいえる
フレグランス。

The House of Oud

ザ ハウス オブ ウード

世界でも希少と言われる天然の最高級ウード（沈香）のみを探し求めるアラブ人ウードハンターと、香料会社のイタリア人社長との友情、飽くなきウードへの情熱がベースとなっているブランド。最高級のウードを求めインドネシア、インドやミャンマーを旅し、彼らが各地で出会った世には知られていない大自然の秘宝を、作品で惜しみなく世に発表している。

THE TIME

ザタイム | 現在

調香師：クリスチャン・カラブロ
発売年：2018年
タイプ：アロマティック、シトラス
トップ：ベルガモット、ニガヨモギ、ブルーカモミール
ボディ：ブルーティー、バーベナ
ベース：シダーウッド、ムスク、アンバー、ブラックティー
容　量：75㎖

人生における魔法の瞬間を、香りが生み出す

日本の茶道のような尊敬と感謝であふれた儀式のように、一瞬の時に全神経で敬意を払う。そんな自分の人生を自分で生きているという実感を体の奥深くで感じる瞬間をイメージした香り。

WHAT ABOUT POP

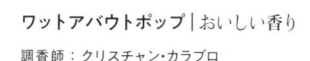

ワットアバウトポップ｜おいしい香り

調香師：クリスチャン・カラブロ
発売年：2019年
タイプ：スウィート
トップ：ポップコーン、サンザシ、キャラメル
ボディ：月下美人、ミルククリーム、バニラビーンズ
ベース：アンバー、エボニー、ベチバー、ベンゾイン
容　量：75㎖

パティシエ気分。キャラメル
ポップコーンのような甘い香り

遊びゴコロに満ちたブレイクタイムを表現。香
ばしいキャラメルポップコーンを手づかみで
口いっぱいに放り込む背徳感や、いたずらっぽ
く笑い合う友との共犯関係など、魂を甘く焦が
すようなポップでおいしい香り。

WABISABI ワビサビ

調香師：クリスチャン・カラブロ
発売年：2023年
タイプ：シトラス、フローラル
トップ：山葵アコード、ベルガモット、ピンクペッパー、
　　　　ライムリーフ、ペアーアコード
ボディ：ローズ（トルコ産）、ジャスミン、ジャスミンサンバック、
　　　　イランイラン、ゼラニウム、エレミ
ベース：バニラ、シナモンピール、ムスク
容　量：75㎖

白い花、柑橘類、スパイスの
多面的なブレンドとの調和

日本原産の本ワサビのスパイシーな香りを中心とした
大胆なクリエーションが東洋へと誘う。日本の象徴
たるワサビの香りが白い花、柑橘類、スパイスの多面
的なブレンドと調和を見せる香水。

RUBY RED

ルビーレッド｜情熱的な愛

調香師：マウリツィオ・チェリッツァ
発売年：2022年
タイプ：オリエンタル、フローラル
トップ：フレッシュジンジャー、タンジェリン
ボディ：ジンジャーブロッサム、イランイラン、
　　　　チュベローズ
ベース：砂糖漬けしたジンジャー、バニラ、
　　　　ウッディノート、ムスク
容　量：75㎖

独創的なデザインのボトルが語る
創造的な情熱の香り

フィリップ王配からエリザベス女王に1966年
に贈られたスカラベ・ブローチがモチーフ。
英国王室御用達ブランド「グリマ」の創業者で
イタリア貴族のアンドリュー・グリマによる
ルビーを配した独創的なデザインが特徴。

T

THE MERCHANT OF VENICE

CEO　マルコ・ヴィダル

生まれも育ちもヴェネツィア。兄のロレンツォとともに、曽祖父アンジェロ・ヴィダルによって120年以上前に設立され、イタリア香水の歴史を刻んできたファミリービジネスの4代目。「ザ マーチャント オブ ヴェニス」のCEO。ヴェニスのパラッツォ・モチェニーゴの香水博物館のキュレーターであり、香水に関する展覧会の他、イベントのプロデュースやキュレーションも手がけている。

ザ マーチャント オブ ヴェニス

ヴェニスに古くから伝わる香水術と、数世紀にわたる東洋との交易をコンセプトの起源とするブランド。ラインナップは海上交易路「ムーダ」にインスパイアされ、古代のレシピを再解釈した調香師によって表現されている。洗練されたその香りは、千年の伝統を誇るムラーノ島のガラス加工技術からインスピレーションを得て、貴重な香水瓶に詰められている。

MANDARIN CARNIVAL

マンダリン
カーニバル

タイプ ： シトラス、フローラル
ヘッド ： ベルガモット、マンダリン、プチグレン
ハート ： フリージア、ネロリ、オレンジフラワー
ベース ： アンバー、ブロンドウッズ、ムスク
容　量 ： 50ml／100ml

魅惑的な地中海の柑橘系の香り

マンダリン カーニバルは、シチリアの色と香りを体現している。自生する最高級のマンダリンの柑橘系の爽やかさとタマリンドの甘さがはじけ、エキゾチックな土地のオーラと神秘性を思い起こさせる。

ROSA MOCENIGA

ローザ モチェニガ

タイプ ： 花、フルーツ
ヘッド ： モチェニーゴ・ローズエッセンス、カシスの葉、シチリアレモン
ハート ： ロータス、マグノリア
ベース ： バニラアブソリュート、ムスク、アンバークリスタル、ホワイトシダー
容　量 ： 50㎖ /100㎖

モチェニーゴ・ローズはまだ完全には解明されていない 謎を秘めた独自性の高い香り

モチェニーゴ・ローズは中国原産の貴重な花。その名は、アルヴィソ
ポリの歴史的な邸宅の所有者であった古代ヴェネツィアの一族に由
来。強くフルーティーな香りが、美しさを最も魅力的かつ自然な表情
で際立たせるフェミニンなフレグランス。

MY PEARLS　マイ パールズ

タイプ ： フローラル、ムスキー
ヘッド ： ワイルドバイオレットアコード、カシスの蕾、ピンクペッパーコーン
ハート ： ロージーフォリア、ホワイトフラワーブーケ
ベース ： トンカビーンヴェネズエラ、レジノイド、シダーウッド、
　　　　　サンダルウッド、マホニアル
容　量 ： 50㎖ /100㎖

「椿姫」のヴィオレッタを想起させる エレガントでソフト、長持ちする香り

パウダリーなワイルドバイオレットが、カシスのフルーティー
ノートとピンクペッパーコーンのフレッシュなスパイシーノート
と溶け合う。やがて、白い花、ローズ、グリーンノートがドラマ
チックに爆発し、明るく輝き、拡散するような個性を呼び起こす。

GYOKURO　ギョクロ

タイプ ： フローラル、グリーン
ヘッド ： ブラックペッパー、ネロリ、エキゾチックフルーツ
ハート ： 玉露、ピーチ＆チュベローズエキス、ロータス
ベース ： サンダルウッド、ベチバー、アンバーグリス
容　量 ： 100㎖

独特の優雅な香りは、洗練されたブレンド 気品と軽やかさに満ちている

優雅さと軽さに満ちた玉露は、花とフルーティーなタッチのトップか
ら始まり、ブラックペッパーの魅力的なはじける香りと絡み合う。ミド
ルはグリーンティー、ロータスフラワー、ピーチとチュベローズエキス
の洗練されたブレンドによる香りの旅。

THÉOBROMA
PARFUMS

テオブロマ パルファン

人気ショコラティエ「THÉOBROMA（テオブロマ）」の土屋シェフとフレグランスマジシャン中田真由美とのコラボレーション。「身に纏うショコラ」をコンセプトに、グルマン×ショコラに特化したありそうでないフレグランスブランド。すべての香りにチョコレートムスクの香料が入っている。

土屋 公二（つちや こうじ）
フランスで修業後、1999年東京・渋谷に「ミュゼ・ドゥ・ショコラ テオブロマ」をオープン。海外での受賞歴は多数あり、「日本人ショコラティエの先駆者」「味覚のマジシャン」などと称される。

×

調香師 **中田 真由美**（なかだ まゆみ） 香油香寮 代表
調香師、フレグランスマジシャン、フレグランスエヴァリュエーター
1998年にキャンドルブランドをスタートし、2019年フレグランスメゾン「5W1H」を創設。2023年香油香寮設立。「5W1Hフレグランス」『暦＋暦』『テオブロマパルファン』他、数々の企業やブランドのデザイン・ディレクション・調査を手がける。また、企業と香料会社を連携しプロデュースするフレグランスエヴァリュエーターとしても活躍。

Chocolat orange

ショコラオランジェ

調香師：中田 真由美
発売年：2024年
タイプ：カクテルグルマン
トップ：ネロリ、深煎り珈琲、カカオ
ミドル：オレンジ、オレンジブロッサム、
　　　　ブラックペッパー、ビターチョコレート、
　　　　ラム、オレンジフラワー
ラスト：トンカビーン、アーモンド、ムスク、
　　　　アンバーアブソルート、バニラ
容　量：50㎖

上質なオランジェットの香りのオードパルファン
究極のチョコレートグルマンオーケストラ

カカオの甘みとラム酒の複雑な香りが、フレッシュなオレンジと混ざり合い、濃厚で深いビターなオランジェットを想像させる。より艶やかで深くまったりとした優雅なマリアージュ。ほんのりと、淹れたての珈琲のホッとするアロマがアクセントに。

Tisane　ティザンヌ

調香師：中田 真由美
発売年：2024年
タイプ：ハーバルフゼア
トップ：レモン、ペパーミント、烏龍茶
ミドル：ラベンダー、ローズマリー、ティートゥリー、
　　　　レモングラス、カモミール
ラスト：紅茶、チョコレート、ホワイトチョコレート、
　　　　ムスク、バニラ、カカオ
容　量：50㎖

選ばれたハーブティー。摘みたての
ハーバルを彷彿させ、幸せへの扉を開け放つ

昼下がりのアフタヌーンティーの紅茶、チョコレートの香りへと変化していく過程はミステリー小説のようで非常に興味深い、特別なフゼアノート。

Chocolat à la menthe　ショコラ アラマント

調香師：中田 真由美
発売年：2024年
タイプ：フレッシュグルマン
トップ：ペパーミント、珈琲
ミドル：カカオニブ、ビターチョコレート、オレンジ、ブランデー
ラスト：バニラ、ムスク、スペアミント
容　量：50㎖

大人なミントチョコレート
珈琲のアロマティックの香りはまるで
チョコレートパフェのよう

程よいカカオの甘みとブランデーの樽香が、隠し味の真夏のクールグルマン。ビターなカカオの風味を感じながら、鼻から抜けるような大人のミントチョコレートの香りはまさに誘惑の味といえるフレグランス。

Rose miel　ローズ ミエル

調香師：中田 真由美
発売年：2024年
タイプ：スパイスグルマン
トップ：月桂樹、ベルガモット、ローズペタル、
　　　　カカオ、タイム、オレガノ
ミドル：ラベンダー、クローブ、アニス、ローズ、
　　　　ローズマリー、カルダモン
ラスト：バルサム、シダーウッド、チョコレート、
　　　　ハニー、フランキンセンス、バニラ
容　量：50㎖

目を閉じてやわらかく感じる
植物の形をした香りたち

それはまるでおとぎ話の時代にトリップしたよう。古典的なローズの香りに続き、スパイスをすり潰した植物、果実、花びら、樹木、鉱物をミドルノートに。蜂蜜のまろやかな香りと絡まったカカオの香りの融合は、やや影のある苦みとなりクセになる。

T

THOUSAND COLOURS

サウザンドカラーズ

2021年、東京で生まれた、過去から未来の希望の物語を表現するブランド。それぞれの香りには希望を発信したモチーフ（人、場所、瞬間）を象徴する西暦が名前としてつけられ、その年に世界に希望をもたらした物語を、香りを通して表現。深刻・多様化する社会問題や危機が続く中でも、現代に生きる人々が希望にあふれ、ポジティブになれるフレグランスブランド。

M2021 YOU ARE HOPE

ユーアーホープ

発売年：2021年
タイプ：フローラル ムスキー
トップ：パイナップル、グリーンリーフ、アニス
ミドル：バイオレット、イリス、ローズ、ジャスミン
ラスト：サンダルウッド、ムスク
容　量：25㎖/100㎖

未来への希望の香り

2021年、あなた自身が希望となり、優しさと愛に満ちた未来を鮮やかに描き出す。ゆるぎない意思と行動力で環境問題や格差、ジェンダーなどさまざまな課題と向き合い、希望の連鎖の種を撒くというコンセプトをもとに創られたフレグランス。

M1971　イノセントラブ
INNOCENT LOVE

発売年 ： 2021年
タイプ ： シトラス フローラル
トップ ： ホワイトネロリ、ベルガモット、タンジェリン
ミドル ： ジャスミンサンバック、ラベンダー
ラスト ： ムスク、アンバー
容　量 ： 25㎖/100㎖

挑発的で純粋な平和をイメージした香り

国境や文化、人種、性別などの概念を超えて、愛と平和のメッセージを発信し続ける前衛芸術家をイメージ。新しい価値観を創造した真のオリジンであり、ポップカルチャーと愛と平和の象徴をコンセプトにしたフレグランス。

M1700　スモークフラワー
SMOKE FLOWER

発売年 ： 2021年
タイプ ： パウダリー フローラル
トップ ： ペローズ、カルダモン、ウコン、クローブ、タバコ
ミドル ： インセンス、スズラン、カンゾ
ラスト ： アンバー、ウード、カシミヤウッド
容　量 ： 25㎖/100㎖

閉ざされた世界の、真実の愛の香り

江戸でその名を轟かせた最高級遊女、高尾太夫。容姿の美しさだけでなく、知性と教養を身につけた憧れの存在でありながら、一人の男性を愛し続けた一途さをイメージ。究極の華やかさと切なさを併せ持つ時代のインフルエンサーをコンセプトにしたフレグランス。

M2019 ANTIPOP

アンチポップ

発売年 ： 2021年
タイプ ： シトラス ティー
トップ ： ベルガモット、バーベナ
ミドル ： スズラン、タンジェリン、グリーンティ
ラスト ： プチグレン、ムスク
容　量 ： 25㎖/100㎖

タブーを超えた緑の絆
グリーンのボトルに秘められた香り

等身大でありのままに発信し続ける、アンチポップの概念を生み出したZ世代を代表するポップスターをイメージ。華やかなセレブリティの世界とは一線を画し、不安や孤独、儚さをリアルに語る姿勢をコンセプトにしたフレグランス。

T

TOM FORD
PRIVATE BLEND

トム フォード プライベート ブレンド

「このブレンドは、私の個人的な香りの実験室なんだ。そこでは一般的な香りづくりのルールに縛られない、極めて独創的なフレグランスを創っている」。トム フォード プライベート ブレンド コレクションは、熟練した調香師の技と、調香師による貴重なノートの組み合わせが、唯一無二の独創的なアコードを生み出している。

OUD WOOD
ウード・ウッド

発売年：2013年
タイプ：ウッド
トップ：スーチュアンペッパー、カルダモン
ミドル：ウード、サンダルウッド
ラスト：トンカビーン、アンバー
容　量：10㎖ / 30㎖ / 50㎖

ウード・ウッドは稀少なウード、エキゾチックなスパイス、カルダモンであなたを包み込む

長きにわたり愛され続けている定番フレグランス。希少なウードを使用したまるで五感を包み込むような安息の境地へと導くウッドの香り。

SOLEIL NEIGE

ソレイユ ネージュ

発売年：2019年
タイプ：シトラス フローラル ムスク
トップ：ベルガモット、キャロット シード
ミドル：ジャスミン、オレンジフラワー、ホワイト フローラル
ラスト：ベンゾイン、バニラ、ムスク
容　量：10㎖／30㎖／50㎖

雪を照らし輝かせる、
きらきらした冬の太陽を感じさせる香り

日本における、ブランド人気No.1のフレグランス。フランスのスキーリゾート地の新雪に降り注ぐまばゆい太陽の煌めきを表現した香り。

NEROLI ネロリ・ポルトフィーノ
PORTOFINO

発売年：2013年
タイプ：フレッシュ シトラス
トップ：チュニジアン ネロリ、シシリアン レモン
ミドル：オレンジフラワー、ラベンダー
ラスト：ローズマリー、アンバー
容　量：10㎖／30㎖／50㎖

時間が経つほどに、また香りを
深く吸い込むたびに、大切なひとに
抱かれる時間のような平安な気持ちに

男性も、女性をも魅了するロングセラーフレグランス。イタリアのリビエラ地方のコバルトブルーの地中海にインスパイアされたみずみずしいフレッシュ シトラスの香り。

LOST CHERRY

ロスト チェリー

発売年：2019年
タイプ：フルーティ アンバー
トップ：ブラック チェリー、ビター アーモンド
ミドル：グリオット シロップ、ジャスミン サンバック
ラスト：サンダル ウッド、ベチバー
容　量：10㎖／30㎖／50㎖

禁断の果実を探して回る、芳醇な香りの旅

トム フォードのアイコン的なレッドボトル。禁断の赤い果実、チェリーの純真無垢な煌めきに潜む甘美な誘惑を表現したフルーティ アンバーの香り。

TUMI

トゥミ

1975年の創業以来、暮らしの中の移動をより快適に、楽に、そして美しくするためのビジネス＆
トラベルバッグやアクセサリーを創り続けているトラベル、ライフスタイルのインターナショナル
リーディングブランド、トゥミ。卓越した機能性と創造の精神を融合させ、アクティブに活動する
人々の旅をより快適でパワフルなものにするための、生涯のパートナーとなるべく、世界75カ国
以上でブランドを展開。グリニッジ標準時間をネーミングに入れた個性的な香水を発信している。

Awaken Edp
アウェイクン
オーデパルファム

調香師：キャサリン・セリグ
発売年：2020年
タイプ：フゼア シトラス ウッディ
トップ：ベルガモット、グレープフルーツ、コリアンダー
ミドル：クラリセージ、ファーニードル、サイプレス
ラスト：オリバナム、パチョリ、シダーウッド
容　量：15㎖ /50㎖ /100㎖

1日の始まり［08：00 GMT］を意識した
躍動感に満ちたパワフルでフレッシュな香り

身につける男性の自信に満ちたモダンなエッセンスを露わに
する香り。フレッシュなグリーンシトラスのトップノートが、
ダイナミックで活力に満ちた個性を主張し、ハートノートで
は質の高さと個性を体現。そのコントラストに魅了される。

Atlas Edp アトラス
オーデパルファム

調香師：キャサリン・セリグ
発売年：2022年
タイプ：ウッディ アロマティック
トップ：イタリアン ベルガモット、フロリダ産グレープフルーツ、
　　　　ブルーカルダモン、アンバーウッド
ミドル：ラブダナム、ゼラニウム、ジンジャー
ラスト：ベチバー、インディアン サンダルウッド、モス
容　量：15㎖/50㎖/100㎖

深夜［00：00 GMT］からのメッセージ
シトラスノートが弾ける爽やかで奥深い香り

最高品質の原料を用いたフレッシュで、奥深く洗練された
香り。個性を大切にしながら、固い決意を持って運命を
選ぶ、そんな男性のスピリットを体現。シトラスノートと、
ウッドやフローラル、スパイスがバランスよく調和した香り
は奥行きを感じさせる。

Kinetic Edp キネティック
オーデパルファム

調香師：キャサリン・セリグ
発売年：2022年
タイプ：ウッディ アンバー
トップ：アンバーウッド、イタリアン マンダリン、ピメントリーブス
ミドル：オリバナム、エバーラスティングフラワー、ナツメグ
ラスト：サンダルウッド、チークウッド、スモーキーバニラ
容　量：15㎖/50㎖/100㎖

振動のパワーを取り込んだ、
官能的かつマスキュリンなフレグランス

トップノートからアンバーウッドがイタリアンマンダリンや
ピメントリーフと調和しながら表れ、オリバナムとナツメグが
肌の上で溶け合いながら、スパイシーで躍動感あふれる香り
をもたらす。サンダルウッドやバニラによるドライダウンの
素晴らしいオーラが魅了する、トゥミの究極のシグネチャー。

19 Degree Edp 19 DEGREE
オーデパルファム

調香師：キャサリン・セリグ
発売年：2023年
タイプ：ウッディ アンバー
トップ：ベルガモット、サフラン、タイム
ミドル：ブラックラズベリー、スエード、バーチウォーター
ラスト：レザー、サンダルウッド、ブラックムスク
容　量：100㎖

人気キャリーケース19 Degreeに着想
パワフルで躍動感のある香り

瞬く間にブランドのアイコンとなったキャリーケース、19 Degree
コレクションのパフォーマンスと精度にインスパイアされ、生ま
れたフレグランス。アンバー、ウッディ、レザーの大胆な香りで
コントラストを描き、センシュアルな魅力を放つ。

Unum

ウナム

「アートの美は地上に浸透する神の意思の萌芽である」。画家・写真家・グラフィックデザイナー・音楽家・祭服のデザイナーなど、多くの肩書を持つ奇才フィリッポ・ソルチネッリが手がけるイタリア発の香水ブランド。人それぞれの人生のユニークさを、そして彼の人生そのものとも言える苦しみと強さ、真実と精神性をありのままに表現したいと考えている。

LAVS

ラヴス | 聖なる服のアトリエ

発売年：2014年
タイプ：アンバー、アロマティック
主な香料：ジャスミン、カルダモン、ブラックペッパー、エレミ、コリアンダー、ラブダナム、カーネーションシフォン、オポポナックス、ローズウッド、オークモス、アンバー、トンカマメ
容　量：100mℓ

教会に納品する前の祭服ひとつひとつに香りのラッピングを施すという発想

人類が神に対して捧げる称賛を、フィリッポ自身が香りで表現したもの。LAVSで制作した祭服を教会に納品する前に、この香水で神聖な香りのラッピングをしている。

BUT_NOT_TODAY

バット ノット トゥディ｜だが今日は違う

発売年：2018年
タイプ：レザー
トップ：アンジェリカ、サンダルウッド、オークモス、
　　　　ガルバナムレジン、アンバー、ムスク
ボディ：ベンゾイン、カスカリラ、ローズマリー、ショウブ
ベース：ベルガモット、ニガヨモギ、ラベンダー、レモン
容　量：100㎖

苦しみと強さ、真実と精神性をありのままに表現

恐怖を拒絶し自分を貫くのも愛。受け入れるのも愛。天才的な連続殺人鬼と孤高の捜査官。二人の対立とすれ違う愛を描いた猟奇的な映画『ハンニバル』のクライマックスをイメージした香り。

HÆC DIES

ハエク ダイズ｜この日こそ

発売年：2023年
タイプ：パウダリー、シトラス
トップ：アロエベラ、ベルガモット、オレンジ、ジャスミン
ボディ：シダーウッド、ピーチノート、ローズ、ミルラ
ベース：バニラ、サンダルウッド、パチョリ、アンバー、ムスク
容　量：100㎖

聖書を香りで表現。人類による神への賞賛

日曜日の早朝、墓所の大きな石が動かされ、入り口が開いていることを知った女性たちの驚きと恐怖の瞬間。キリストの復活という奇跡が書かれている、マルコによる福音書の一説を香りで表現したもの。

NE' IL GIORNO
NE' L'ORA

ネイル ジョルノ ネローラ｜その日でもその時間でもない

発売年：2023年
タイプ：—
トップ：レモン、ベルガモット、カルダモン、ガルバナム、シダー、スズラン
ボディ：マリンノート、ジャスミン、ローズ、アイリス
ベース：サンダルウッド、トンカマメ、アンバー、ムスク
容　量：100㎖

人生に織りなす真理を、
体感として皆で分かち合いたい

マタイによる福音書「十人の処女たちのたとえ」がモチーフ。最も高揚した感情である恐怖に立ち向かうためにデザインされた香り。

VALENTINO
BEAUTY

Born In Roma
Green Stravaganza

ヴァレンティノ ドンナ ボーン イン ローマ グリーンストラヴァガンザ オードパルファン /
ヴァレンティノ ウオモ ボーン イン ローマ グリーンストラヴァガンザ オードトワレ

Donna
ドンナ

発売年 ： 2024年
タイプ ： フローラルアンバーウッディ
トップ ： ラブサンスーチョンティーアコード
ミドル ： ジャスミンアブソリュート
ラスト ： バニラエクストラクト
容　量 ： 10㎖ / 30㎖ / 50㎖ / 100㎖

**ローマの涼しげな庭園へと誘う
魅惑的なシンフォニー
すべてのノートがローマの贅沢さと共鳴**

香りの芸術の結集であり、官能的なラブサンスーチョ
ンティーアコードと、華やかなジャスミンアブソリュー
トとのブレンドに魅惑的なバニラの香りが加わった、
フローラルアンバーウッディの香り。

発売年 ： 2024年
タイプ ： フゼアアンバー
トップ ： カラブリアンベルガモット
ミドル ： コーヒーアコード
ラスト ： ハイチ産ベチバー
容　量 ： 50㎖ / 100㎖

**冒険的な香りのコントラストに驚かされる、
大胆さとユニークさの本質を捉えた香り**

カラブリアンベルガモットのフレッシュさに、ベチバーが
奥行きを加え、やみつきになるコーヒーアコードが深みを
持たせた明るく冒険的なフゼアアンバーの香り。

Uomo
ウオモ

メゾン ヴァレンティノは1960年、ヴァレンティノ・ガラヴァーニによりローマに設立。日本では2021年11月にフレグランス「ヴォーチェ ヴィヴァ」の発売と同時にヴァレンティノ ビューティをスタート。「カラー・クール・クチュール」の3つの要素を通じて、常識や固定観念にとらわれることなく、自らが自由に生き、多様性を称える独創的な表現への扉を開く。

BORN IN ROMA

ヴァレンティノ ドンナ ボーン イン ローマ オードパルファン/
ヴァレンティノ ウオモ ボーン イン ローマ オードトワレ

Donna
ドンナ

発売年 ： 2020年
タイプ ： フローラルウッディ
トップ ： サンバックジャスミン
ミドル ： カシメラン
ラスト ： バニラバーボン
容　量 ： 10㎖/30㎖/50㎖/100㎖

**自由な思想を象徴する都市ローマ生まれ。
エッジのきいたモダンなフレグランス**

ルールがないのがルール、毎日ルールを書き直しながら自己実現を目指す輝く個性を表現。軽やかなサンバックジャスミンの可憐さと、カシメランとバニラの甘い余韻を残すエッジィで魅惑的なフローラルウッディの香り。

発売年 ： 2020年
タイプ ： ウッディアロマティック
トップ ： ヴァイオレットリーフ
ミドル ： セージ
ラスト ： ベチバー
容　量 ： 50㎖/100㎖

V

**洗練された、ほのかなスパイスの利いた
官能的なフレグランス**

モダンなヴァイオレットリーフにウッディなベチバーが加わり、セージのアロマティックな余韻を残す、エッジィでモダンなウッディ アロマティックの香り。アイコニックなスタッズをモチーフにしたブラックのボトルに、パンクなピンクのロゴが印象的。

Uomo
ウオモ

VERSACE

ヴェルサーチェ

ジャンニ・ヴェルサーチェによって1978年に設立。シンプルだが個性の強い美しさを哲学に
ミラノの最高峰に君臨。1998年より妹のドナテラがプレタポルテ、オートクチュールを継承。
チーフデザイナーとして高級衣類のほかにも、香水、アクセサリー、アイウェア、時計、家具、
ホテルデザインなどのデザインを手がけている。

Dylan Purple pour femme Edp

ディランパープル フェム
オーデパルファム

調香師：クリストフ・レイノー
発売年：2022年
タイプ：フローラル フルーティ ムスキー
トップ：イタリア産ビターオレンジ orpur®、
　　　　ペア・ジュースアコード、イタリア産ベルガモット orpur®
ミドル：パープルフリージア、ポマローズ（ジボダン）、
　　　　マホニアル（ジボダン）
ラスト：イソイースーパー（Iso E Super）、バージニア産シダーウッド
　　　　orpur®、アンブロフィックス（ジボダン）、ベランブレ（ジボダン）、
　　　　シルコライド（ジボダン）
容　量：30㎖／50㎖／100㎖

**夏の水辺の夕暮れ時のように魅惑的
フルーティでフレッシュな香り**

イタリアと、その象徴的な柑橘類のアイスデザートへ
のオマージュのようなオープニング。フローラルな
ハートノートは、そよ風に心を奪われる水辺の夕暮れ
時を表現。力強いウッドとエレガントなムスクは心安
らぐような黄金色の砂を思い起こさせる。

Dylan Turquoise Edt

ディラン ターコイズ オーデトワレ

調香師　ソフィー・ラベ
ISIPCA 卒業後、ジボダン社に入社。
1992 年に IFF 社へ移り、確固たるパフューマーの地位を築いている。

発売年：2020 年
タイプ：フローラル ウッディ ムスク
トップ：マンダリン、レモン、ピンクペッパー
ミドル：ブラックカラント、ジャスミン、フリージア、グァバ
ラスト：クリアウッド、ヴィヴァラントウッド、ムスク
容　量：30㎖/50㎖/100㎖

海風が心地よい夏の日々に誘われる
トロピカルフルーツとシトラスが弾ける香り

上質なレモン、イタリアンマンダリン、ピンクペッパーコーンによる
活き活きとしたトップで幕開け。トロピカルなグァバにフリージアの
エッセンスを際立たせた構成がモダンなグリーンに変化する。

Eros Edt　エロス オーデトワレ

調香師：オーレリアン・ギシャール
発売年：2012 年
タイプ：フレッシュ オリエンタル ウッディ
トップ：ミントオイル、レモンイタリーオーピュール、グリーンアップル
ミドル：ベネズエラトンカビーンズ、アンバー、ゼラニウムフラワー
ラスト：マダカスカルバニラ、ベチバー、オークモスアコード、
　　　　ヴァージニア&アトラス産シダーウッド
容　量：30㎖/50㎖/100㎖

力強く精悍な肌、官能的でユニークなオーラを放つ

華やかな誘惑で恋に勝利しつづける、エロスの愛の賛美歌。崇高な
男性らしさを解釈した香りのミントリーフ、イタリアンレモンゼスト、
そしてグリーンアップル。オークモスやシダーウッドのウッドノート
が強さとパワーを与えている。

Pour homme Edt　プールオム
オーデトワレ

調香師　アルベルト・モリヤス
1950 年、スペインはアンダルシア地方のセビリヤで生まれる。ジュネーブのエコール・
ド・ボザールで学んだ後、1970 年に調香師としてフィルムニッヒ社に入社。ほぼ独学
で調香を学び、香りを色や形のように自由に扱う独自のスタイルを編み出す。

発売年：2008 年
タイプ：アロマティック フゼア ウッディ
トップ：ベルガモット、ネロリ、ディアマンテ シトロン、ビター オレンジリーフ
ミドル：ゼラニウム、クラリセージ、ブルーヒヤシンス、シダーウッド
ラスト：沈香、ミネラルアンバー、トンカビーン、ムスク
容　量：30㎖/50㎖

古典的でありながら現代的なアロマティック フゼア

ベルガモットがゼラニウムと戯れる、生き生きとしたフゼアのブレンド
は、温かさと強さのハーモニーを実現させ、香りが軽やかに発展して
いくさまを仄めかしている。アロマティックでフローラルなハートノー
トに続いて、深い印象のラストノートが官能的に締めくくる。

versatile paris

ヴェルサティル パリ

2021年10月、かのパンデミックの真っ只中、規格化されているフレグランスを、既成概念に捉われずもっと大胆なものにしたいというアイデアから生まれたヴェルサティル パリ。ロールオンタイプのコンパクトな15㎖サイズ、30〜38%の高い賦香率、そしてアルコールフリーのこの香水は、一言で言えば多用途な新しいフレグランス。

CROISSANT CAFÉ

クロワッサンカフェ

調香師：エリア・シシュ
発売年：2021年
タイプ：グルマン、ウッディ
キーワード：コーヒー、カプチーノ、グルマン、クリーミー、
　　　　　　トースト、グリル、ウッディ、バター、ホット
容　量：15㎖

パリのカフェでいただく朝食のよう
香ばしいクロワッサンとコーヒーをイメージ

軽やかな泡立ちのカプチーノ、バターのようなアコード、ローストしたファセット、クリーミーなアーモンド、ウッディでやわらかなベースノートが特徴のフレグランス。

GUEULE DE BOIS ギュルドボワ

調香師： アメリー・ブルジョワ
発売年： 2021年
タイプ： スパイシー、アンバー、ウッディ
キーワード： スパイシー、ペッパー、インセンス、ラム、アンバリー、
　　　　　シロップ、まろやか、あたたかい、ウッディ
容　量： 15㎖

刺激的なスパイスにラム酒、タバコが重なる
二日酔いにも似た酩酊感をイメージ

ナツメグ、シナモン、ペッパー、ピンクペッパーなど
のスパイスと、琥珀色のラム酒の香り。スモーキー
ノートのインセンスとタバコ、そしてウッドが醸し出す
大人のフレグランス。

RITAL DATE

リタルデイト

調香師： アメリー・ブルジョワ、カミーユ・シュマルダン、
　　　　エリア・シシュ
発売年： 2021年
タイプ： アロマティック、フレッシュ
キーワード： アロマティック、フレッシュ、ベスト、テイスティー、ゼスティー、
　　　　　リモンチェッロ、シュガー、ピスタチオ、クリーミー
容　量： 15㎖

イタリアンには欠かせない食材も香料のひとつ
まるでイタリア人とデートしているかのよう

バジルとガーリック、温かいトマト、オレガノ、フェンネ
ル、オリーブオイルにローストピスタチオアイスクリー
ム、そしてクリーミーなリモンチェッロの香り。イタリア
の「ラ・ドルチェ・ヴィータ」を体現したフレグランス。

GOD BLESS COLA ゴッドブレスコーラ

調香師： エリア・シシュ、カミーユ・シュマルダン
発売年： 2023年
タイプ： グルマン
キーワード： コーラ、ポップコーン、シュガー、バニラ、スパークリング、
　　　　　病みつき、キャラメル、あたたかい、グルマン
容　量： 15㎖

V

ダイエットなんてしない
みんなが大好きな美味しいものをイメージ

スパークリングコーラ、ピーナッツバター、天然ポップ
コーン、キャラメルの香りに、ウッディノート、スウィー
トノートが加わる。ボトルの底に広がる美味しい香り
のフレグランス。

Zoologist

ズーロジスト

香港出身で香水のコレクターであったヴィクター・ウォンが2013年に立ち上げた、トロント発祥のカナダのパフューマリー。動物たちの独自の特徴を香りで表現することがコンセプト。動物を傷つけたくないとの倫理的理由から、天然の動物由来の香料の代わりに合成香料が使われている。

SQUID

スクイッド｜イカ

調香師：セリーヌ・バレル
発売年：2019年
タイプ：アンバー、スウィート
トップ：ピンクペッパー、ソーラーサリチレート、
　　　　フランキンセンス
ボディ：ブラックインクアコード、
　　　　ソルティアコード、オポポナックス
ベース：アンバーグリス、ベンゾイン、ムスク
容　量：60㎖

2020年フレグランス協会賞 (旧 FiFi賞)
「パフューム エクストラオルディネール オブ ザ イヤー」受賞作品

月の綱引きで海が隆起し、波の下をイカの群れが弾丸のように突き抜ける。突如現れるクジラの黒い影。スミを吹き出して撹乱するも、飲み込まれ咀嚼される。波間に漂う戦いの異物は数十年の時を経て竜涎香 (アンバーグリス) となる。海の軌跡が香る香水。

NIGHTINGALE

ナイチンゲール｜ウグイス

調香師：稲葉 智夫
発売年：2016年
タイプ：フローラル、アンバー
トップ：ベルガモット、レモン、サフラン
ボディ：梅の花(ジャパニーズプラムブロッサム)、レッドローズ、バイオレット
ベース：ウード、パチョリ、モス、サンダルウッド、フランキンセンス、
　　　　ホワイトムスク、アンバーグリス
容　量：60㎖

春に歌うウグイスの喜び
出発と目覚めをイメージした香り

春の兆しを伝える、ウグイスの喜びの歌。その声は鮮やか
な梅の香りをはらんでいる。艶やかな着物が体躯を優しく
包み、花びらの間からパチョリ、苔、お香、アンバーがあふ
れ出し、あらゆる出発と目覚めの瞬間を祝福する香り。

MOTH モス｜蛾

調香師：稲葉 智夫
発売年：2018年
タイプ：パウダリー、ウッディ
トップ：ブラックペッパー、シナモン、クローブ、クミン、
　　　　レモン、ナツメグ、サフラン
ボディ：ヘリオトロープ、アイリス、ジャスミン、ミモザ、スズラン、ローズ
ベース：アンバーグリス、ハニー、レジン、ガイアックウッド、
　　　　ムスク、ナガルモタ、パチョリ、スモーク、ベチバー
容　量：60㎖

重いスパイス、そして甘くエキゾチックな香り

暗くて重いスパイスで始まり、主食の甘い蜜の官能
が過ぎると、相手探しのエキゾチックな旅が始まる。
唯一の誘惑「炎」に惑わされたとき、たちまち命は
一筋の煙となる。重く、エキゾチックな香水。

TYRANNOSAURUS REX ティラノサウルス・レックス

調香師：アントニオ・ガルドーニ
発売年：2018年
タイプ：スパイシー、ウッディ
トップ：ベルガモット、ブラックペッパー、ファーバルサム、
　　　　ローレル、ネロリ、ナツメグ
ボディ：チャンパカ、ゼラニウム、ジャスミン、
　　　　オスマンサス、ローズ、イランイラン
ベース：レジン、ケード、シダーウッド、シベット、フランキンセンス、
　　　　レザー、パチョリ、サンダルウッド、バニラ
容　量：60㎖

「絶対的な他者」として存在する、探求と敬愛の対象

巨大で強力な顎をもち、血の匂いを撒き散らしながら我が
物顔で闊歩した。彼らは何者をも恐れない。かつて存在し
た史上最大の肉食恐竜であり、生態系の頂点に立った生物
をイメージした香り。

19-69

ナインティーン シックスティナイン

スウェーデン人アーティストのヨハン・ベルゲリンによって2017年にパリでローンチされた
ナインティーン シックスティナイン。ブランド名に冠された数字 "19-69" は、1969年に代表
される、それまでのしきたりを踏襲しない新たな時代へと導いた60〜70年代のカウンター
カルチャーのムーブメントを象徴している。

PURPLE HAZE

パープルヘイズ

発売年：2017年
タイプ：ウッディ、スパイシー、アロマティック
トップ：イタリア産ベルガモット、コルシカ産サイプレス、
　　　　カンナビスアコード、ラベンサラ、シスタス
ミドル：パルマローザ、タイム、ガージャン、
　　　　ヴァイオレットリーフ
ラスト：バニラ、パチョリ、ブラックペッパー、
　　　　ホワイトムスク、ドライウッド
容　量：30㎖ /100㎖

エッジの利いたハーブとスパイス、そして深み のあるパチョリによる力強く中毒的なノート

ジョン・レノンとオノ・ヨーコによる平和活動の
パフォーマンス「ベッド・イン」や「ウッドストック・
フェスティバル」など、ヒッピームーブメントとカウ
ンターカルチャーを象徴する歴史的な年となった、
1969年当時の空気感を体現した香り。

L'AIR BARBÈS

レールバルベス

発売年：2017年
タイプ：アロマティック、ライトフローラル、ムスキー
トップ：アルデハイド、フレッシュレモン、ベルガモット
ミドル：コンクリート、イランイランエクストラオイル、チュベローズ
ラスト：アンブロックス、イリス、クミンシード、
　　　　インク、レザー、ドライウッド、ホワイトムスク
容　量：30㎖/100㎖

サンローランの「ル・スモーキング」の衝撃
モードの都パリへのオマージュ

ヘルムート・ニュートンのモノクロ写真に影響を受け、白と
黒の単調な色彩でパリの魅力を表現。コンクリートとイン
クの現代的なノートは、バルベス・ロシュシュアール駅や
パリのバンリューといった、剥き出しの高架線やコンクリー
トの路地を彷彿とさせる。

LA HABANA

ラハバナ

発売年：2020年
タイプ：アンバー、ウッディ、スモーキー
トップ：アルデハイド、サフラン
ミドル：エレミ、インセンスレジノイド
ラスト：バニラアブソリュート、キャラメル、アンブロキサン、ラオス産
　　　　ウッド、ゴールデンストーン、アンバーバルサムレジノイド
容　量：30㎖/100㎖

1930年代から1950年代における
かつてのキューバ音楽の黄金期へ捧ぐ香り

キューバの老ミュージシャンらで結成されたバンド「ブエ
ナ・ビスタ・ソシアル・クラブ」がチャートを賑わせたハバ
ナの街を、サフランとバニラ、ウードによってアロマティッ
ク、そしてスモーキーに表現。

YES PLEASE!

イエスプリーズ

発売年：2022年
タイプ：アロマティック、グリーン
トップ：カルダモン、レモン、ジュニパー、キューカンバー
ミドル：タイム、ローズマリー、ローズ
ラスト：アミリス、サイプレス、シダーウッド
容　量：30㎖/100㎖

イギリスを代表するジントニックと
ヴァイナルレコードの香り

1980年代後半から1990年代初頭にかけて、イギリスの都市
マンチェスターを中心に起こった新時代を象徴する音楽ムー
ブメント「マッドチェスター」に敬意を表したフレグランス。

etc.

5W1H

ゴダブリュウイチエイチ

これまで6,000人以上の調香を行い、それぞれに寄り添ったフレグランスを生み出してきた
フレグランスマジシャンであり、香りの案内人の中田真由美が作ったフレグランスメゾン。
香りを通して忘れていた新たな自分に気づき、その人自身がより自分らしくいてほしい、そんな
お手伝いがしたい、という思いから5W1Hは生まれた。

02 MOUNT

吾輩は山椒である

調香師 **中田 真由美**(なかだ まゆみ)
香油香寮 代表
調香師、フレグランスマジシャン、
フレグランスエヴァリュエーター

1998年にキャンドルブランドをスタート。
商品開発の中で香りの重要性を感じ研究
を開始。フレグランス雑貨をメインに有名
百貨店での展開を始める。2019年フレグランスメゾン「5W1H」を創
設。統計学や心理学に基づいたオンライン診断チャートから個々の
パーソナリティーや気分にあった、選べるフレグランスが人気とな
る。2023年香油香寮設立。その人自身の心に響く香りを創造する
「フレグランスマジシャン」として最後の一滴で香りの奇術を完成さ
せている。2024年4月自身のブランド「5W1Hフレグランス」『暦＋
暦』「テオブロマパルファン」他、数々の企業やブランドのデザイン・
ディレクション・調香を手がける。また、企業と香料会社を連携プ
ロデュースするフレグランスエヴァリュエーターとしても活躍。

発売年：2024年
タイプ：ウッディシトラス
トップ：温州みかん、ライム、グレープフルーツ
ミドル：山椒、シトロネラ、プチグレン、マテ茶
ラスト：ウッディアコード、レザー、ローズウッディ
容　量：100㎖

フルーツと山椒のコントラスト
ラストノートは深く癖になる
ウッディシトラスの香り

インパクトを感じる山椒の苦味を引き立てるのはグ
レープフルーツやシトロネラ。山椒がまろやかに沈む
とき、ウッディノートやシトラスで漬けた程よい香辛
料の香りがあやとりのようにきれいに丸く馴染む。

04 EARTH

地球局

調香師：中田 真由美
発売年：2024年
タイプ：グリーンアロマティック
トップ：ペパーミント、ベルガモット、クラフトコーラ
ミドル：丁子、ローズマリー、ラベンダー、アニス
ラスト：ベチバー、パチュリ、苔、珈琲
容 量：100ml

雨が降る前の土の香り、淹れたての珈琲の香り。さりげないハーモニーは究極のグリーンアロマティック

地球のふとした優しさのような青い珈琲の香りで休息。ホワイトティーの軽やかなグリーンノートから始まりミドルノートはスパイスの苦みが複雑に香りの枠組みを作り込む。

05 METAL

金属石

調香師：中田 真由美
発売年：2024年
タイプ：スパイスグルマン
トップ：ローズ、梅、ウィスキー、コリアンダー、プラム
ミドル：はちみつ、スミレ、フリージア、チュベローズ、
　　　　イランイラン
ラスト：バニラ、アンバー、キャロットシード、
　　　　シダーウッド、サンダルウッド
容 量：100ml

記憶の中で古い洋書をめくったように情緒を感じ、心を落ち着かせる香り

蜂蜜とウィスキーのグルマンノートが印象的。梅のどこかノスタルジックな香りがベースノートのバニラと重なり合ってゆく。所々に洋酒で漬けた熟れた果物の香りが官能的。

10 WATER

雫

調香師：中田 真由美
発売年：2024年
タイプ：フレーバーティー
トップ：ブラックティー、フランボワーズ、グレープフルーツ
ミドル：緑茶、パルマローザ、グリーンカラント、ピスタチオ
ラスト：アンバー、バニラ、アマレット
容 量：100ml

軽やかで複雑なフレーバーティーのマリアージュ。味わい深いティーノートの香り

みずみずしくフレッシュなチェリーとブラックティーノートは個性的でどこか懐かしい水面に落ちる雫のよう。フランボワーズと緑茶のマリアージュ。

etc.

& BOUQUET

アンドブーケ

「身に纏う香りの花束」をコンセプトに展開しているレイジースーザンのオリジナルフレグランスブランド。アンドブーケは、可憐に咲きほこる花々のように、華やかでフェミニンなフローラルノートを基調にした香り。そのフレグランスは自身の個性を引き出し、優しい花の香りに包まれた心地よい安らぎを与えてくれる。

bouquet No.A
eau de parfum

ブーケナンバー A
オードパルファム

発売年：2024年
タイプ：フローラル
トップ：フレッシュフルーティ
ミドル：フリージア、マグノリア、ジャスミン、リリー
ラスト：サンダルウッド、シダー
容　量：50㎖

私に贈る最初の花束

繊細で透明感のあるフリージアをシグネチャーノートに、高級感あふれるジャスミンと上品なマグノリアが調和し、サンダルウッドのエッセンスが華やかさを添える。自然の花々を感じる、洗練されたフレッシュフローラルブーケの香り。

bouquet No.A
eau de toilette

ブーケナンバー A
オードトワレ

発売年 ： 2021年
タイプ ： フローラル
トップ ： フレッシュグリーン
ミドル ： フリージア、スズラン、スミレ、
　　　　 マリーゴールド、ジャスミン、マグノリア
ラスト ： サンダルウッド、バニラ
容　量 ： 50㎖

纏うたびに幸せのきらめきに包まれる

ブーケを手にしたときのように、花々を身につけたような繊細な香りが包み込むオードトワレ。シーンや気分に合わせて香りをレイヤードするのもおすすめ。記憶や感性に残るような唯一無二の香り。

secret flora
eau de toilette

シークレットフローラ
オードトワレ

発売年 ： 2021年
タイプ ： フルーティフローラル
トップ ： アプリコット、ローズ、スズラン
ミドル ： チュベローズ、マグノリア、スイートピー
ラスト ： ホワイトムスク
容　量 ： 50㎖

自分だけの秘密の香り

みずみずしい花束を思わせるスイートピー、スズラン、ローズに、甘さのあるアプリコットや優雅なチュベローズを組み合わせ、やわらかなホワイトムスクをアクセントに添えた。可憐で華やかなフルーティフローラルの香りが広がる。

etc.

SHOP LIST

ARTEAU（アールオー）	TEL：03-6427-1959
●ATELIER MATERI　　●CARINE ROITFELD　●FRAPIN　　●HISTOIRES de PARFUMS ●LIQUIDES IMAGINAIRES　●OBVIOUS　　●versatile paris　●19-69	
ASTIER de VILLATTE　伊勢丹新宿店	TEL：03-3352-1111
Bamford（バンフォード）	https://b-you.co.jp/
CVLコスメティックス・ジャパン株式会社	TEL：0120-359-860
●STORIE VENEZIANE By VALMONT PALAZZO NOBILE	
Diptyque Japan（ディプティック ジャパン）	TEL：03-6450-5735
ESTÉE LAUDER（エスティ ローダー）	TEL：0570-003-770
FLORIS（フローリスお客様相談室　10:00～17:00　※土・日・祝日除く）	TEL：0120-16-0806
IL PROFVMO（イルプロフーモ）	info@cledasie.co.jp
ISSEY MIYAKE PARFUMS お客さま窓口 (9:00～17:00　※祝祭日、年末年始、夏期休暇を除く月～金曜日)	TEL：0120-110-664
LE SILLAGE（ル シヤージュ）	TEL：075-752-2018
●J.F. Schwarzlose Berlin　　●LES SOEURS DE NOÉ　　●Miya Shinma PARIS　　●Olibanum.	
LUXTECA株式会社　●PAÑPURI	info@luxteca.com
NONFICTION（ノンフィクション）	https://jp.nonfiction-beauty.com/
NOSE SHOP 株式会社	TEL：050-2018-6146
●Amouage　　　　●Anthologie　　　●Art Meets Art　　●Baruti　　　●Bdk Parfums ●Essential Parfums　●Etat Libre d'Orange　●Goldfield & Banks　●Houbigant　●L'Orchestre Parfum ●Laboratorio Olfattivo　●Maison Matine　　●Mendittorosa　　●Nasomatto　●Nishane ●Pierre Guillaume　●Tauer Perfumes　●The House of Oud　●Unum　　　●Zoologist	
pallumer 本店　●KOHSHI	TEL：03-6455-2867
アールフレグランス　●R fragrance	info@rfragrance.co.jp
アルマーニ ビューティ　●ARMANI beauty	TEL：0120-292-999
イソップ・ジャパン　●Aēsop	TEL：03-6271-5605
インターモード川辺 フレグランス本部	TEL：0120-000-599
●ACQUA DI PARMA　●CREED　　●DSQUARED2　　　　　●ETRO ●FERRAGAMO　　●Hermetica　●JEAN-CHARLES BROSSEAU　●LUCIANO SOPRANI　●MCM ●Miller Harris　　●MOSCHINO　●TUMI　　　　　　　　●VERSACE	
ヴァレンティノ ビューティ　●VALENTINO BEAUTY	TEL：0120-323-220
エスティ フィロソフィ　●Boadicea the Victorious	TEL：03-5778-9035
エルメスジャポン　●HERMÈS	TEL：03-3569-3300
株式会社アイビシトレーディング　●HEELEY	TEL：078-581-2482
株式会社アブラクサス　●Ablxs	info@ablxs-fragrance.com
株式会社インテルコスメシ・ジャパン　●RboW	TEL：03-6625-4293
株式会社シロク　●N organic	TEL：0120-150-508
株式会社セントネーションズ　●SHOLAYERED	TEL：03-3780-0825
株式会社フォルテ	TEL：0422-22-7331
●CARON　　　●ELLA K　　　●Les Parfums de Rosine Paris　　●NOBILE 1942	
株式会社モリヤマ　●ÉDIT(h)	TEL：03-3295-5801